U0188007

陪孩子趣读量子力学

[日]大关真之/著
金磊/译

SPM
南方出版传媒
新世纪出版社
·广州·

前言

“明天的聚餐，你来不来？”

“有时间我就来。”

当你策划一场聚会时，肯定经常有朋友是这样答复你的吧？以人类的世界来说，这样的回答基本上就等于是拒绝了。因为，这是回绝别人时常用的套话。

对于做东的人来说，“有时间我就来”这句话最困扰人的地方就是：那个人到底是来还是不来呢？这恐怕只有等到当天才能知晓。当天对方出席时，你会想，啊，原来他真的会来啊。下一次聚会时，对方又说“有时间我就来”。你觉得他一定会来，可是，最后他却没有来。

回答得那么暧昧，太让人头疼了。

其实，本书的主人公“量子”，就是这样的一种性格。而我们的世界中，到处都是这些任性的家伙。“量子”构成了世间的万物，包括我们眼前的书本、人体，甚至是宇宙。

也许，你平时根本没听说过“量子”这个名词。但是，量子就在我们身边。我们日常的行为举动，也都与“量子效应”有关。我们每天所接触到的、所看见的事物背后，都隐藏着一个完全未曾被你注意过的世界……说不定，在看完本书后，你对所有事物的看法与想法都会发生改变。

我是一名研究者，平时在大学里教书的同时，头脑中会浮现出各种各样的想法。虽然我研究的领域是统计力学、量子力学和机器学习，但本书中完全不会出现理科书籍中常有的复杂难懂的公式与定理，而且还会省略所有的专业术语。让那些平时很少接触科学与数学的读者，也能了解到科学世界中有趣、不可思议与奥妙之处——这是我作为研究者除了研究之外的另一个重要使命。

我希望通过窥探身边的量子世界，来改变大家对人类未来的看法。

首先，我们会一起领略量子世界的奇妙景象。接着，我们会说到与身边现象有关的量子世界的“居民”，还有宇宙的形成、生物的形成、方兴未艾的量子计算机，甚至人类的未来等话题。

时间有限，让我们赶快走进这个不可思议的世界吧！

目录

第二章

通过量子思考宇宙与生命之谜 067

第三章

第四章

面向未来的挑战 145

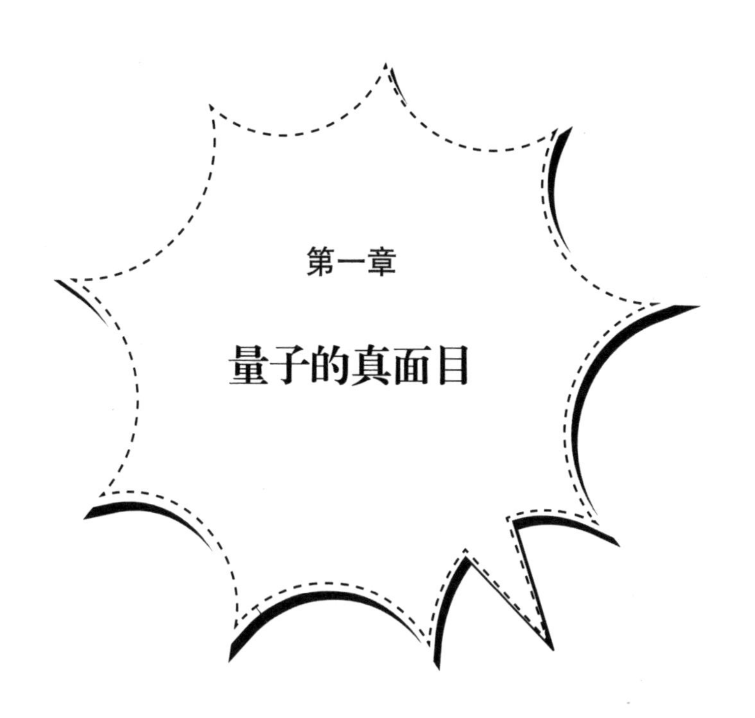

第一章

量子的真面目

到底什么是量子？

此时此刻，正有微小的颗粒穿透你的身体。

——听到这样的话你会相信吗？如果存在微小的颗粒，那它撞上我们的身体时，要么会被弹开，要么会在我们的身体上留下一个小洞，总之多多少少应该残留些影响才对。正因为没有这些影响，所以我们才会认为自己的身体不可能被穿透。

可是，这的的确确是正在发生着的事情。相信各位读者对东京大学的梶田隆章教授获得 2015 年诺贝尔物理学奖一事还记忆犹新吧，说不定有的人还记得当时成为热门话题的

“中微子”一词。其实，这就是我们开头所说的微小颗粒的名字之一。这种微粒从宇宙中飞来，从我们的身体和地球中穿过，而不会发生碰撞。它微小到谁都看不见，而且它是以肉眼难以捕捉的速度飞过。

量子也是一种微小的颗粒，而且不存在比它更小的颗粒，它是自宇宙诞生以来表现物理量的最小单位。也许很多人还没听说过这个最小单位，这是因为我们平时的生活中感受不到它的存在，而我们的身体相对于这个最小单位来说，真的是太过庞大了。

那么，它到底有多小呢？我们可以试着将木块或者混凝土块敲碎，敲成那种必须放到显微镜下才能被观察到的大小，接着将其进一步粉碎，粉碎到用显微镜都难以观察到，这就意味着我们进入了一个极为微观的世界了。像 CO_2（二氧化碳分子）、H_2O（水分子）这些在学校曾学过的分子，以及构成分子的原子等，都属于这个世界。

原子和分子这样微小的颗粒通过组合，就构成了包括我们的身体在内的各种人眼能看到的东西，它们基本上都属于微小颗粒的集合体。它们通过不断累积变得越来越庞大，无论是没有生命的物体还是生物，甚至是巨大的星星，都是由这些微小颗粒构成的。

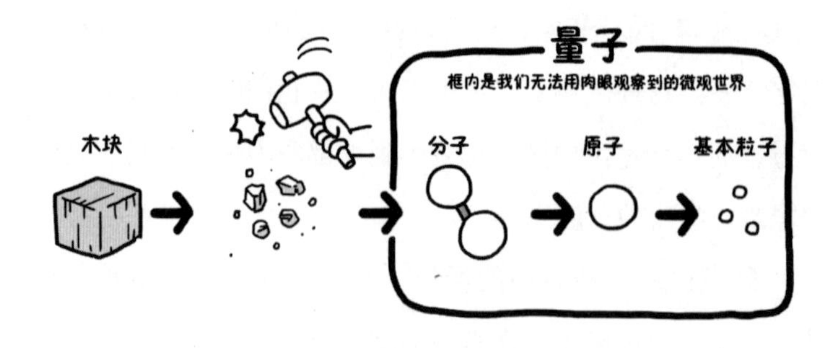

正因为我们的世界是由这些微小的颗粒构成的，所以只要了解了这些微小颗粒，就能了解世间的万物。这个理论是成立的。只不过这些微小颗粒所处的量子世界，与我们生活的世界相比，会发生很多完全违背常识的现象。

按照我们的一般常识，如果对这些微小颗粒进行同样的操作，它们应该呈现出相同的运动才对，或者当我们什么也不做时，这些微小颗粒应该保持静止才对。但是，由于这些微小颗粒所具有的量子效应，使得我们在对其进行同样的操作时，往往得到的是不一样的结果。即使我们什么也不做，它们也不会停留在同一个地方，而是表现得特别不稳定。此外，它们还会呈现出其他各种难以解释的“举动”。

下面就通过一个实验，来直观地体验在微观量子世界里所发生的奇妙现象吧。

20 世纪最美的实验——双缝实验

这里所介绍的双缝实验，是最能体现量子不可思议特性的实验。

很多人在进行演讲时，会用激光笔来指示投影幕布上的文字。这种激光笔能够发射出一道笔直的光，当其照射到墙壁或者投影幕布上时，就会形成一个小光点。我们可以事先准备好一块开有两条平行狭缝的不透明挡板，当我们用激光笔朝着墙壁或幕布上照射时，将挡板摆在二者之间。这样，当激光照射到这块挡板上时，光会从这两道狭缝中通过。大家可以想象一下，会出现什么样的结果呢？

还是先让我们来思考一下光的原理吧。当光照射在屏风上时，会在其后方形成一个影子。影子就是光照射不到的地方，因此，可以说是屏风将光遮挡住了。总之，我们可以把光看作是某种形式的实体，当光遇到障碍物时，是无法从其中穿透过去的。当光照射到镜子上时会发生反射，从而射向别处，墙壁的材质也能反射光。我们身处的房间之所以很明亮，除了来自荧光灯的直接照明外，还存在着间接照明，即墙壁所反射的光照亮了周边的物体。光照到墙壁后会“反弹回来”，这和我们所熟知的皮球是一样的运动方式。用我们熟悉的概念来说，光就是一种微粒（实体）。也就是说，激光笔可以被想象成是一种能发射出大量微粒的装置。而这些被大量发射出来的光微粒，通过挡板上的两条狭缝，最终“兵分两路”撞到了幕布上。

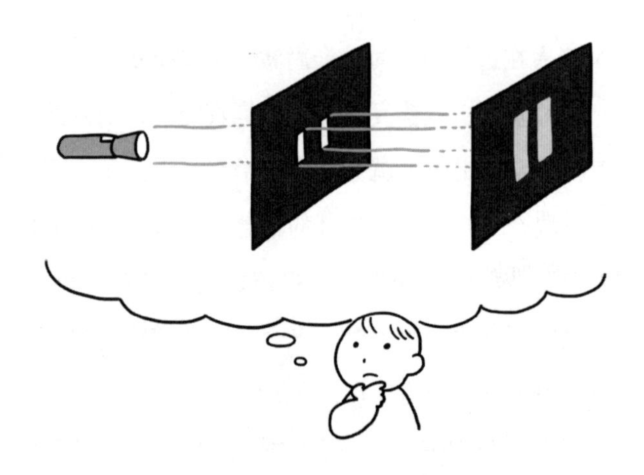

我们也可以想象成是棒球场上的投手在朝那两条细小的狭缝中投球。碰巧穿过狭缝的棒球，就会继续笔直地向前飞，最后撞到幕布上。所以，从一侧狭缝中穿过的“球”，与从另一侧狭缝中穿过的“球”，都会各自撞到幕布上。由此一来，应该会在幕布上形成两个光点。因为，光线这只“球”会一直照射在同一位置上。好，那么我们来看下正确答案。

幕布上出现了条纹的形状。

估计有人会大吃一惊，也许还有人会对此产生怀疑。如果不是亲眼所见，肯定是无法相信的。

从这个结果来看，光与我们所了解的微粒好像不一样，具有无法用迄今为止的常识来解释的奇特性质。

市面上的激光笔是比较简单的装置，其实，如今我们已经拥有了能控制光的输出功率、强弱等级等功能的光微粒发射装置。那么，我们就利用这一装置再做一次双缝实验。幕布上会出现什么呢？

仍然是条纹的形状。

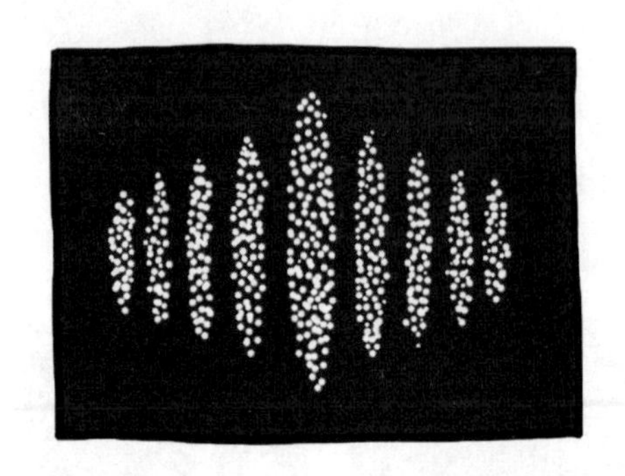

这一次浮现出的条纹形状还很有趣：一个微粒飞来撞到幕布上，形成了一个小光点，然后又一个微粒飞来撞到幕布上，形成另一个小光点，但是二者并没有出现在完全相同的位置上……这些光点都在不同的地方亮着。很多的光微粒就这样以稍稍错开的方式飞过来，在不同的位置上发着光。而这些位置不同的光点组合在一起，就形成了条纹形状，这与我们用激光笔做实验时所看到的形状是一样的。

由此，我们可以看出量子的一些端倪。即使采用相同的操作，也不会得到相同的结果。看来要想操控这些微小颗粒，是一件很难的事情。

那么，为什么偏偏是条纹形状呢？

我们将两条狭缝的其中一条堵上，然后再做一次实验。这样的话，就会在幕布的一侧形成一块光亮。这次再换成把另一条缝堵上，做一次实验。就像先前一样，只是光亮出现在幕布的另一侧。这是符合常识的结果。接下来，重新将两条狭缝都打开做实验时，又出现了条纹形状。

这真是太奇怪了。光微粒确实能穿过其中任意一条狭缝并在对应的一侧形成一块光亮。这样的话，最终在幕布上形成的，应该是与狭缝相似的两块线条状的光亮才对。可是，不管我们尝试多少次，最终出现在幕布上的仍然是条纹形状的光亮。

如果你想更简单地看到这个条纹状光亮，可以试试把听音乐或看电影的光盘找出来，然后用激光笔对其进行照射。从光盘上反射出的光线映照到墙壁上以后，就会显现出同样的条纹形状的光亮。不过，这个条纹可能看起来会大很多。在比较暗的环境下，尝试变换不同的照射角度，效果会更好。实际上，这个条纹状光亮与双缝实验中的条纹状光亮，都是基于同样的原理形成的。

光并非一种简单的颗粒。也许我们无法通过常识来弄清楚这个问题，但这确实是事实。无论通过多少次双缝实验，结果都是不可动摇的。

光微粒究竟是如何运动的?

当两条狭缝中的一条被堵上时，光线从另一条狭缝通过，其表现出与普通微粒相似的运动状态。但是，当把两条狭缝都打开时，却不能得到像“1+1=2”这样的结果，为什么会显现出一个与想象中完全不同的条纹形状呢？看来光并不只是微粒那么简单。

于是，我们在狭缝的旁边摆上仪器，来观察光微粒到底是从哪条狭缝中通过的。也就是对光微粒的运动进行一个监视。当光微粒从任意一条狭缝中通过时，仪器都会有反应，依次指示出光经过的“通道”——是从这一条狭缝通过的，还是从另一条狭缝通过的。看来仪器运转正常。

但是，再把目光投向幕布时，原先的条纹形状却消失了。取而代之的是两条明亮的区域，就像是普通微粒的实验结果。

由此我们可以了解到，想要光微粒在幕布上显现出条纹形状，只能是在没被监视的状态下——让光在不被观察的前提下，从双缝中通过时才会出现。

我们还可以说得再精练些，只有当光从两条狭缝中同时通过时才会出现。

从这一事实中可以知道，条纹形状的光亮是否形成，取决于光微粒是否同时从两条狭缝中通过。

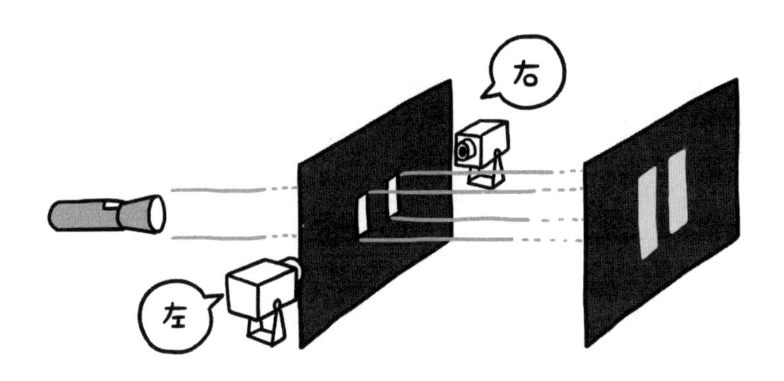

同时具有不同可能性的量子

在我们身处的世界中，物体的运动并不会因为我们能否看见而发生变化。就拿这两条狭缝为例，如果是用人肉眼能看到的球往里面投射，球肯定会穿过其中任意一条狭缝，然后笔直地砸到幕布上。如果球从左侧的狭缝中通过，就会砸在幕布的左侧，反之，球从右侧狭缝通过时，就会砸在幕布的右侧。无论是谁在旁边观察，球都不可能会通过狭缝后随机地砸在不同的位置，然后形成条纹状的落点分布。

那光微粒究竟是在做怎样的运动呢？虽然以我们的常识很难理解，不过如果非要有一个能接受的解释的话，只能说光微粒的运动同时具备两种不同的可能性。这是一个大胆的假设，飞过来的光微粒——哪怕只有一个——都是同时通过了左右两条狭缝。

可……这从道理上说不通啊。

按照这一假设，“光微粒是一种实体”的说法就很难被接受了。你能想象光微粒先分裂成两个，然后再合并回一个的情形吗？即使是架设在挡板狭缝边的仪器，也没有监视到光微粒发生分裂的情况。所以，总觉得这么说不合逻辑。

这样说来，难道还存在着与“实体”不同的其他形式吗？

悄悄走进量子的世界

物体的运动都有着一定的轨道。在我们的世界中，如果站在某处向某个方向扔球的话，球就会沿着一定的轨道做运动。决定轨道的就是自然法则。我想大家应该都听过牛顿三大定律吧。

所以，这个轨道也可以说是运动的物体所遵循的一条道路。物体突然从这条轨道上消失，然后出现在一个完全不同的地方，这在大自然中是不可能发生的。实体一旦出现，就会一直存在。这些都是我们的常识。那么，假如我们看不见那个实体的话，又会变成什么情况呢？

目光所及的世界，一定是其暴露在我们面前的样子。所谓的“暴露”，就是指通过光线、声音或者其他形式，将实体展示出来的过程。我们之所以能看见，是因为光微粒照射到物体表面后发生了反弹，然后飞入我们的眼中。我们之所以能听见，也是因为物体振动发出的声音通过空气或其他介质传播，然后传进我们的听觉器官中。在我们的世界中，只要物体发生了运动，就会推挤其周边的微小颗粒，从而以某种形式留下运动的记录。即使人看不见也听不见，这种运动也会客观存在。所以说，要想做到隐形，那可是太难了。但是，运动的主体若是换成极为微小的颗粒，就能在不移动其他微小颗粒的前提下进行位移，而且还不会留下任何的“证据”。因为，极为微小的颗粒相互之间并不会发生碰撞，而是彼此直接穿透。问题就出在这里。

双缝实验中，在光微粒还没有到达幕布之前，没有人知道它到底会出现在什么位置。想要弄清楚光微粒是从左侧通过，还是从右侧通过，就必须架设能与它们相接触的仪器设备才行。因此，我们才认为光微粒存在多种可能性的通过路径。

即使去问微小颗粒“你会从哪一侧通过”也是无济于事的，因为它能够从任意一侧通过。它的运动存在着无限种可能性，如果中途不对其运动进行检测的话，就会一直按照多种可能性运动下去。这就是量子的世界。

微小颗粒能同时存在于多个场所——这种不可思议的事实，正是量子力学的核心所在。

此外，曾获得诺贝尔奖的天才物理学家理查德·费曼[1]博士也曾说过“没有人能真正理解量子力学”。由此可见，这一领域多么深奥。

这么看来，微小颗粒的表现就像忍者一样。如果说微小颗粒身如忍者，想要从两条狭缝中都穿过的话，它还必须折返回来一次才行。然而，光微粒从一侧狭缝中通过后，又返回来从另一侧穿过，这显然是不合理的假设。

微小颗粒至少算是一种实体，所以，我们认为在其背后，肯定还隐藏着另一种像忍者一样，摸索着一切可能性，并与实体相分离的存在。这就是很多关于量子知识的书中都会提到的波函数[2]。

---

[1] 理查德·费曼（Richard Feynman）：美籍犹太裔物理学家，加州理工学院物理学教授，1965年诺贝尔物理学奖得主。他提出了费曼图、费曼规则和重正化的计算方法，这是研究量子电动力学和粒子物理学不可缺少的工具。他还提出了量子力学的路径积分形式。他被认为是爱因斯坦之后最睿智的理论物理学家，也是第一位提出“纳米”概念的人。——译注

[2] 尽管很多物理学家认为波函数也是一种物理实体。——编注

出现条纹形状的原因

人们自古以来就对光抱有很强烈的兴趣，为了了解其本质而进行过大量的研究。阿尔伯特·爱因斯坦提出的狭义相对论等，也属于探究光的本质的独特研究。

光的本质，和水面上泛起的波纹是一样的——这是过去人们对光的理解所能达到的程度。在那个认为“光是一种波”的时代，人们对于幕布上显现出的条纹形状并不感到吃惊。

首先，让我们来看看“光是一种波”的理论依据在哪里。光具有一种特性，当其通过一个细小的空间——如狭缝——之后，就会在另一侧呈扩散状的发射。这就好像

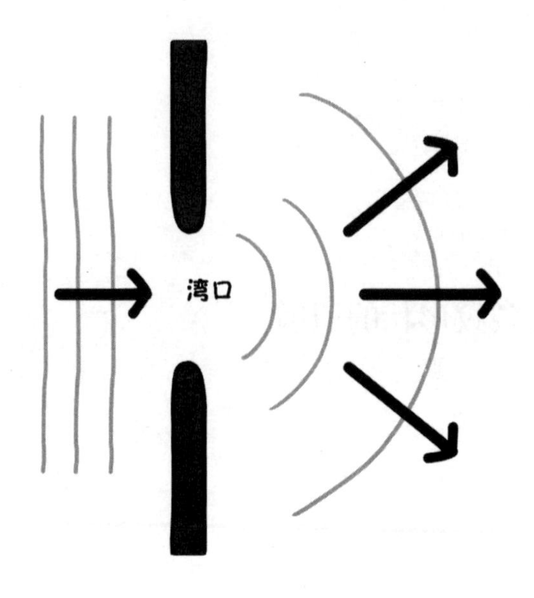

是在海湾内涌起一个海浪，当海浪经过狭窄的湾口后，就会形成扩散状的水波纹。大家可以把光也想象成是水波纹。而且，我们前面所说的条纹，恰恰也是证明光是一种波的证据。当时人们还没有发现微小颗粒的存在，因此就用这种条纹来证明光是一种波。

波是物体进行周期性的上下运动而形成的一种现象。在足球比赛中，看台上的观众们为了给选手加油，会一大帮人一起站起来做“人浪”。虽然我们起立的时机只是与旁边的人错开一点点，但是从整体上看，就会形成像波浪一样的效果。其实，这就是波的原理。我们击打水面后就会产生水波纹，水面为了恢复原状而开始上下振动，这种上下的运动向周边扩散，就形成了水波纹。

那么，当两个水波纹相互碰撞时，会发生什么事情呢？

波的本质就是物体上下振动的传播，这一点我们很容易理解。当两个波碰撞到一起时，如果其上下运动的频率刚好重叠的话，那么上下的运动（波）就会变得更加激烈，反之，如果频率没有重叠，上下的运动（波）就会被抵消。我们可以简单地进行联想：当水波过来的时候，你在高处起跳，就能跳到更高的地方，而如果水波过来时，水面上刚好是一处凹陷，这时你肯定就跳不起来了。因此，当两个波碰撞时，会同时表现出两种显著的运动状态，某些区域的上下运动变得更激烈，而某些区域则完全停止了运动，这被称为波的干涉现象。如果光的本质是一种波，那么基于这种干涉现象，光波也会表现出更激烈的运动和相互抵消运动这两种状态。我们把这称为光的干涉条纹，而这种干涉条纹就是双缝实验中所看到的条纹状光亮的真面目。

“光是一种颗粒”带来的冲击

既然如此，就把光当作一种波来对待不就行了吗？实际上，“光是一种波”的说法，直到19世纪都还是被广为相信的。但是，当人们发现光电效应后，这一观点才被颠覆，因为人们发现当光照射到特殊的金属上时，会产生电子微粒。为了解释这一现象，爱因斯坦通过研究坚定地提出了“光是一种微粒”的理论观点。这分明是与此前“光是一种波”的说法唱反调。然而，通过之后的各种实验，人们逐渐找到了证实“光是一种微粒”的证据。现如今，人们不仅能将光一粒一粒地发射出来，甚至还能数清楚光微粒的具体数量。

如果光不是一种波，那么，幕布上的条纹状光亮到底是什么呢？如果将它视作一种微粒，那出现的条纹形状就会与此前实验的结果存在矛盾。一时间，学术界产生了激烈的争论。

最终平息这场争论的观点，就是波函数。作为实体的光，确实是以微粒的形式出现的。但是，决定其运动规律的，却是隐藏在其背后的、具备波的性质的某种存在。

在双缝实验中，让光微粒一个一个穿过挡板，正好就验证了这一观点。

幕布上出现的一个个光点，是“光的本质是一种微粒”的证据。不过，这个实验继续进行下去，光点就会形成条纹的形状，这又与单纯的颗粒运动不相符。如果仔细观察幕布可以发现，光点的分布是随机的，光微粒并非是按照固定的模式在运动。所以，并不存在某一个光微粒的运动轨道，而是同时具备所有可能性的多个轨道。再者，所形成的条纹形状看起来就像两个波互相碰撞的结果，光微粒也好像是“从左侧狭缝中通过”和“从右侧狭缝中通过”这两种不同状态的叠加。因此，我们可以对其运用波的计算方程式，而所谓的波函数，就是用来预测微小颗粒运动的一种数学工具，是区别于实体概念的一种存在。

在法国理论物理学家路易·德布罗意[1]所提出的大胆假设的基础上，奥地利物理学家埃尔温·薛定谔[2]将与微小颗粒的运动有关的研究，以波动方程的形式进行了总结。

---

[1] 路易·德布罗意（Louis de Broglie）：物质波理论的创立者，量子力学的奠基人之一。——译注

[2] 埃尔温·薛定谔（Erwin Schrödinger）：量子力学奠基人之一。他在德布罗意物质波理论的基础上，建立了量子力学的波动力学形式，和保罗·狄拉克（Paul Dirac）共享1933年诺贝尔物理学奖。——译注

对微小颗粒的认知

这个波函数具体是什么呢？目前还没有明确的答案。科学家只是能够利用这个波函数做出类似“当出现波状起伏时，微小颗粒也将会高频度地出现”“当波状起伏消失时，微小颗粒也难以显现”的预测。但是，对于“接下来，微小颗粒会到达何处”这种程度的预测就做不到了。我们只能了解到，其到达此处的可能性很高。虽然很不愿意承认，但是不得不说，我们对微小颗粒的了解是有限的。对于微小颗粒出现的位置，只能以概率的形式进行预测。

让我们用更熟悉的概念来加以说明，以“天气预报”为例。台风的路径以及明天的降水概率等，是无法做到精准预测的。因为，决定台风路径的因素很复杂，而我们的计算能力又很有限，因此导致预测存在难度。

问题关键是我们的计算能力有限，但是，在量子的世界里，计算能力的高低变得不那么重要了，因为预测这件事本身就有限[1]。正因为如此，我们弄不清楚微小颗粒会穿过两条狭缝中的哪一条，所以“同时表现出不同可能性”这一有违常识的运动状态，反而是成立的。

回到之前的话题，“量子”就是这样一种违背我们常识的存在。人们对于不符合自己内心常识的事物，总会表现得难以接受，但是，既然宇宙中存在着这样奇妙的现象，而且它又是这样有趣，不如就以一个积极的心态，让科学继续向前迈步吧。

老实说，为什么会发生这种情况谁也回答不上来。唯一能说的就是，这是真实存在于这个世界上的。运用波函数理论进行解释，就不会再出现与实验事实相矛盾的结果。这是被多次验证过的、值得信赖的理论。微小颗粒的运动是由波函数决定的，它像波一样扩散到各个位置。在此观点的基础上，同时穿过两条狭缝也是被允许的，微小颗粒先分裂再合流，最终形成条纹的形状。也许这听起来有些奇怪，但从头

[1] 即测量结果随机出现。——编注

至尾都没有一点矛盾，因此是可以被信赖的。

除了波函数理论外，还有用其他理论来解释微小颗粒的运动，以及计算其轨道的方法。但是，结果都是不变的——仍然出现了条纹的形状。这种情形下，还是只能与波函数理论一样，认为光微粒同时穿过了两条狭缝。

在各种理论中，本书所采用的是名为“忍者暗中操控”的形象化说法，而这也是最接近计算机模拟微小颗粒运动时所用的概念的。

玩兔子蹦的忍者

如果通过波函数等复杂的计算公式来说明量子的世界，那未免太枯燥难懂了。所以，我们还是用“忍者”来打比方。

为了更贴切地说明微小颗粒的运动，我们该将它想象成什么样的忍者呢？首先，能够从狭小的空间穿过，并且会呈现出扩散的状态。与这种性质非常相似的，就是忍者最擅长的隐身术了。忍者要像波一样上下运动，并对这种运动进行传播，我们可以想象忍者反复地伸展身体跳起，然后又蜷缩身体落地的样子，就像是在进行“兔子蹦”特训一样。

当遇到两条狭缝时，就存在两种不同的前进路径。忍者可

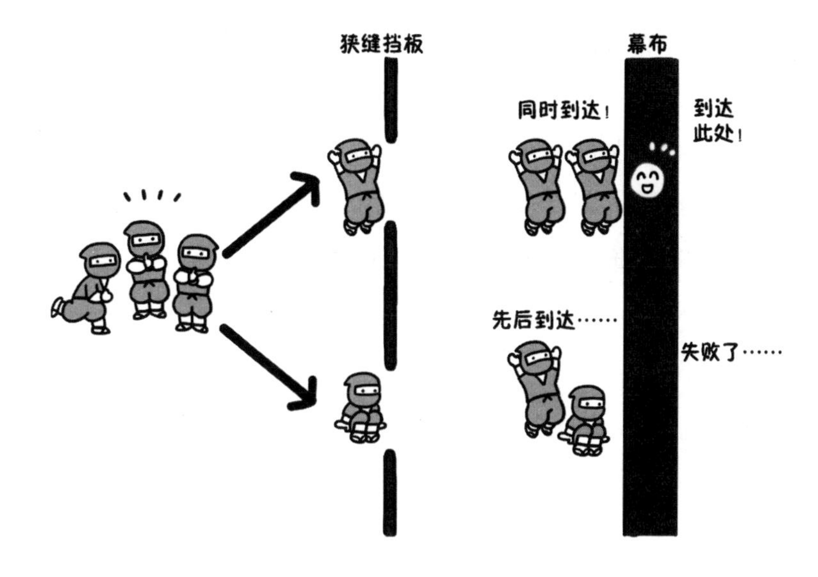

以利用分身术来同时从两条狭缝中通过，过去之后再会合到一起。如果时机把握准确的话，两个分身同时起跳，动作准确叠加，就会比较显著，到达幕布后很容易被观察到。倘若时机不对，两个分身起跳的动作就无法准确叠加，不够显著，这样我们就看不清忍者到达幕布后的模样了。像这样“能看清忍者”和“不能看清忍者”的情况，就是光微粒的“显现”与“不显现”。

即使是忍者，也会有落入陷阱的时候。当我们监视微小颗粒的运动时，就会出现这样的情况。例如，为了弄清楚忍者到底是从左侧狭缝中穿过，还是从右侧狭缝中穿过，就必须使用一些仪器来监视忍者的一举一动，这些仪器就是陷阱。此时，即使忍者想使用分身术，也会因为落入陷阱而无法施展。微小颗粒的运动，就会变得像普通颗粒一样。

大家现在能看到它们了吗？这些玩兔子蹦的忍者。

刻画时间的忍者

忍者就像是这些微小颗粒的向导。实际上，忍者进行兔子蹦的速度的快慢，是由出身决定的。如果是光微粒的话，因为产生光的光源各不相同，如激光笔、荧光灯、太阳等，所以忍者的运动方式也各不相同。反过来说，只要通过对忍者运动方式的调查，就能推断出其出身如何，来自何种光源。利用这一原理，我们就能对太阳光、太阳所燃烧的物质，或者由某种物质释放出的光，进行一系列的研究。虽然同样都是光，但是因为所释放的忍者各有特点，所以会存在区别。

如果出身完全相同，那么忍者的运动方式将会完全一样。虽然每个忍者或多或少有一些自己的个性，但在这一点上，他们确实是完全一样的。这一特点也会给我们的日常生活带来帮助。比如说时钟，有一种原子钟，就是利用忍者这种出身相同则运动方式完全一样的特性，能做到几乎没有误差，保持精确的计时。将这种时钟的信息通过无线电发送，使所有人都能接收到相同的时间，这就是我们常说的原子钟授时。

你的时钟准不准？

说到时钟，也许大家都会想到“嘀嗒嘀嗒”走时的声音。忍者们进行的兔子蹦，也是与这种“嘀嗒嘀嗒”的时钟走时声相对应的。但是你听说过吗？这种“嘀嗒嘀嗒”的时钟走时声，也会因实际拿着钟表的人而不同哦。

我猜大家都碰巧遇到过这样的场景：当一辆救护车从远处驶近时，我们能听到传来的警笛声，而当救护车开过去以后，我们听到的警笛声会变得稍有不同，因为警笛声的音调听起来发生了变化。这就是多普勒效应。虽然是与声音有关的自然法则，但是在光的领域同样适用。对于光来说，表现为我们所看到的颜色会发生变化，要么变得更红，要么变得更蓝，总之光线会变得与其原本的颜色不太一样。

什么时候会出现这种现象呢？让我们重新回忆一下救护车的场景：作为声音源的救护车向我们驶近，然后又驶远时，就会出现这样的现象。如果是光的话，作为光源的灯泡或荧光灯，靠近我们然后又远离时，也会导致颜色的变化。遗憾的是，这种变化达不到我们肉眼能分辨出来的程度，所以我们看不到什么令人吃惊的结果，毕竟光源距离我们眼睛的远近变化实在是太缓慢了。如果光源移动的速度再快一些，快到接近光速时，这种现象就会表现得很显著了。当我们用专业仪器观察宇宙中的某颗星星时，就可以利用这一原理，来计算这颗星星是以多快的速度在运动。

还有一个更加有趣的现象。假设我们在观察某颗星球，那颗星球上生活着宇宙人，无论是通过天文望远镜，还是通过卫星影像的传输，总之，我们能够看到他们的样子。这时，如果这颗星球离我们越来越远的话，就像救护车渐渐远去时警笛声的音调会变得越来越低沉缓慢一样，光到达我们地球的频率就会变慢，我们会观察到宇宙人的动作也变慢了。反之，如果这颗星球离我们越来越近的话，就会像警笛声的音调变得越来越高亢快速一样，光也会以更快的频率到达地球，这样一来，我们观察到宇宙人的动作也会跟着变快。

当宇宙人的动作变慢时，我们能观察到他们那里的时钟也走得慢了。这太不公平了！我们这边的时间一分一秒地流逝，为什么他们那边却过着“慢悠悠”的生活？因为我们和他们的时钟走时发生了错位。其实，这是根据“相对性原理”提出来的关于时间错位的著名推论。对于那颗逐渐远离的星球，如果其移动具备一定的速度，那么这种偏差将会表现得更加明显。实际上，身在地球上的人与围绕地球飞行的人造卫星之间，也会存在这种现象。总之，身在那颗正在远离地球的星球上的人，与身在地球上的我们，两地时钟走时的“偏差”会越来越大。

作为微小颗粒向导的忍者，其运动的速度也是由其出身地决定的，因此，即使我们好不容易找到了可以作为基准的“正确时钟”，但仍有可能会发生走时偏差的情况，那我们该怎么办呢？明明和对方约好了“两点钟到”，结果对方却迟迟没来，是他的手表还没走到两点钟吗？不，也许真的就是他迟到了。

为了解决这个问题，人类开发出了非常了不起的技术。人类向太空发射了很多颗卫星，卫星上携带的都是已知“出身地”的微小颗粒，在其一旁也有“忍者”的存在。卫星从宇宙中向地球上的钟表发射带有“现在所处的位置与时间”信息的无线电波。地球上的钟表从不同位置的卫星那里接收无线电波，然后对其携带的信息基于相对性原理的计算，从而得到一个在地球上任何地点、任何时刻都完全一致的“正确时间”。在此基础上，人们又研发出了可以精确定位的GPS技术。

量子穿墙术

代表微小颗粒的“忍者”（波函数）在量子世界中活跃着。在量子的世界里有很多有意思的话题，这里再来说一个能证明“忍者”存在的惊人现象。

在人类的世界里，如果我们撞上一面足够牢固的墙，肯定会被弹回来。除此之外，不会有其他运动的可能。也就是说，这是一种完全固定的运动方式。无论我们撞墙多少次，最终只能是很疼地被弹回来而已。

在量子的世界里，如果忍者撞上一面墙，当然也会发生被弹回来的现象。但与此同时，还存在着穿过墙壁的可能。因为，忍者能够穿过墙壁，并窥视墙壁另一面的样子。除非落入陷阱，否则忍者就有探索一切的可能性。所以，在量子世界里，微小颗粒偶尔会从墙壁中穿过。

实际上，这就是我们能透过玻璃看到另一边景象的原理。玻璃对于人来说，就像是一面墙。当你去购物时，会看到商品摆放在玻璃后的柜台或橱窗里，人只能站在外面观察这件商品。如果你想伸手去拿它的话，肯定会撞到玻璃上。虽然玻璃对人来说是一面墙，但是光却能穿透它，所以里面的商品可以清晰地被站在外面的我们看见。此外，玻璃上会映出我们自己的身影，这是因为有一部分光被玻璃反射了回来。正因为光微粒是极为微小的颗粒，所以才会出现反射与穿透的现象。这也可以成为存在探索一切可能性的“忍者”的证据。

像这样，量子的规律其实就在我们身边，它们会引起很多日常现象。

到底为什么会撞到墙上呢？

人会撞到墙上，但是微小颗粒却能穿透墙壁，这到底是为什么呢？

当然，微小颗粒也会遇到撞墙的情况。有一些材质是微小颗粒也无法穿透的，它会和人类一样，被反弹回来。这种情况，主要是因为“对手”太强大了。

但是，构成人类身体的物质也是微小颗粒，即原子和分子。构成手指的那一部分微小颗粒，能穿透墙壁吗？你已经跃跃欲试，想要用手指去戳墙壁了吧？反过来，构成墙壁的微小颗粒，能不能侵入到我们的身体内呢？

像墙壁和人体这样保持一定形状的物体，被称作固体形态，是由于原子和分子等微小颗粒大量聚集在一起，彼此间“手挽着手”组成了一个“队伍”，保证了整体的形状。墙壁与人体的硬度不同，是因为其微小颗粒的形状，以及“手挽手”的方式和力道等不同。

当人与墙壁发生碰撞时，这些微小颗粒的队伍就会彼此冲撞到一起，像是一场大型运动会。两边的队伍都互相手挽着手，互相冲撞。这些微小颗粒必须拼死保持住各自的阵形，否则整个队伍就会崩溃。正是由于它们拼命地手挽着手，才能保持物体的形状，所以人体才是人体，墙壁也还是墙壁，和墙壁相撞后我们最终只是被弹回来而已。当然，如果以特别大的力气去撞的话，就会受伤，这相当于微小颗粒所构成的形状受到了一定的破坏，所以最好还是别这么做。

即便如此，我们还是想试试穿墙术。构成人体的是一个个微小颗粒，而通过对其背后的“忍者”的研究，我们来看看身体是否真的能穿墙而过。例如，我们可以事先准备好这样一面特殊的墙壁，它具有既能将微小颗粒反弹回去，又能让微小颗粒穿透过去的性质。这种新型材质的墙壁，允许构成人体的原子和分子通过。这种情况下，我们能实现穿墙吗？

虽然人的身体是由微小颗粒的集合体构成的，但这里为了能简单地思考，假设只由两个微小颗粒构成。那么，这两个微小颗粒能否同时穿透墙壁呢？一般来说，微小颗粒被墙壁反弹回来和穿透墙壁的概率各为50%。这就像是在玩抽签游戏，如果抽出了正确的签，就能从墙壁中穿过。那么，在假设人体是由两个微小微粒构成的前提下，等于说必须两次都抽中正确的签才行。这么看来，也并不是不可能发生的事情。那如果假设人体是由三个微小微粒构成的呢？那就必须连续三次都抽中正确的签才可以。这也是有可能发生的。但如果是十个微小微粒呢？情况就渐渐变得有些复杂了。这种情况下，就算没抽中签也不奇怪。这样一来，等于说只有身体的一部分能够穿透墙壁，而没抽中签的那一部分则会被弹回来，这听起来好像很恐怖的样子。当然，这种事情不会发生，因为微小颗粒要保持整体的形状，因此遇到这种卡在中间的情况时，忍者只会选择全身而退。所以，如果能穿透墙壁的话，就必须是全部都抽中正确的签才可以，但这样的奇迹几乎不可能发生。

人的身体到底是由多少个微小颗粒的集合体组成的呢？大约是10亿 ×10亿 ×10亿个。如果不连续抽中这么多次签的话，就无法实现穿墙而过。这可绝对算是奇迹中的奇迹了。严格来说，还要把其他各种因素考虑在内，最终得出的结论是，我们人体是不可能穿透墙壁的。

所以，大家还是别用自己的身体去撞墙了。

薛定谔的猫

你听说过“薛定谔的猫”吗？其实这是一个思想实验，该实验巧妙地运用了生动的语言，描述出了微小颗粒的不可思议性，因此至今仍被广泛流传着。前文提到过薛定谔，他是一位奥地利物理学家，就是他提出用“忍者”，也就是波函数来解释量子世界的。

假设有一种能发射出光微粒的装置，然后在光微粒通过的路径上，摆放一个稍稍透明的墙壁，比如玻璃墙，这就会带来一半的概率——光微粒要么被弹回来，要么从中穿过。而在这面墙的另一边，则摆放一个能检测到光微粒的装置。这是一种一旦检测到光微粒穿透墙壁，就会开始运转并释放出毒药的可怕装置。也就是说，当光微粒飞来时，有 50% 的可能性会导致毒药被释放。实验的设定，就是将这种连锁装置同一只猫一起放到一个箱子里。

之前我们说过，在量子的世界里，如果不架设仪器来了解此刻微小颗粒存在于何处的话，我们就不可能知道其确切的位置。当我们不知道微小颗粒在哪里的时候，其背后隐藏的“忍者”就会很活跃并表现出各种可能性。正如之前所说的那样，光微粒可以同时具备弹回和穿透这两种可能性，在这一事实的基础上，我们试着在箱子中发射出光微粒来进行实验。那么最终，箱子中的猫——是会活着，还是死掉？

从大前提来说，这只猫太可怜了，这真是一个残酷的实验，但是作为一项假想实验，它在早期的量子世界研究中引发过极大争论。如果说光微粒同时具备穿透与弹回的可能性，那结果就是，猫也同时具备生和死的可能性。除非我们打开箱子查看结果，否则这只猫将处于多种状态的叠加态——既是活的，也是死的。

那么，如果实际去做这样的实验会怎样呢？

在打开箱子前，猫肯定只能是活着或死掉这两种状态中的一种。

也许有人会说，这真是太无聊了！如果猫发出了痛苦的哀鸣，那肯定表示光微粒穿透了。嗯，先别急着这么说。

实际上，这个假想实验并不是像字面意思那样只想要弄清楚猫的最终命运，而是为了提出这样一个非常重要的问题：微小颗粒同时具备多种可能性的叠加原理现象，是否对人类世界中的大物体也同样适用呢？按一般常识来看，好像是极为不合理的命题，但前沿科学界至今仍在挑战，希望能在现实中制造出这样的状态。

说不定哪一天，这只“不合情理的猫”就真的出现了呢。

如果能看到量子的世界，那大扫除将更彻底

我们借由光微粒的话题走进了量子世界，并想象出忍者暗中活跃的样子。然后，我们也看到了许多与日常生活中的常识相背离的惊人现象。这里，我想让大家将视线重新放回到日常生活中来。这样你才会注意到，其实量子的世界就近在我们身边。

例如，现在摆在你眼前的桌子和椅子等，都是由微小颗粒构成的。就像前面所描述的那样，这是由原子和分子这样的微小颗粒互相手挽着手组建起来的队伍。即使我们用手指去按桌子，手指也不会陷入桌子里去，这是因为这个“队伍”以一定的力道在保持整体形状不坍塌。当然，如果我们

想打破这种状态的话，用更大的力气是能做到的。这就是所谓的“破坏”现象。除此之外，当我们用手指在桌子上摩擦时，可能会从桌面上搓出黑色的泥垢。这是因为灰尘会堆积在桌子的表面，时间久了就互相粘连在一起。但由于灰尘与桌子分别属于不同的物体，所以两支“队伍”并不会组合到一起，当我们用手指摩擦时，就使得灰尘与桌子分离了。

这里要对喜欢大扫除的人说声抱歉，因为在我看来，大扫除纯粹只是垃圾的位移而已。当你用抹布擦桌子时，桌子会变干净，这是因为其表面的灰尘被拭去了，而灰尘其实跑到了抹布上。灰尘附在抹布上的结果，就是抹布变脏了。如果想再使用抹布的话，就必须进行清洗。此时，用水来冲洗就是一种可选的方式。水其实也是由微小颗粒构成的水分子大量聚集后形成的物质。水之所以能冲走抹布表面的灰尘，是因为水分子的冲撞，使得灰尘被弹起，发生了位移，然后顺着水流被冲走。但那些没有停留在抹布表面，而是陷入其中的灰尘则很难被冲走。因为，抹布是由纤维做成的，这种纤维具有细长的分子结构，可以有效挂住灰尘。因此，抹布很容易沾灰并使其积攒在内部。

这么说来，其实微观世界、量子世界一直与我们的生活紧密相连，只是我们从未关注过。在我们肉眼看不到的那个世界里，正发生着各种各样的事情，而我们在平时生活中却没有意识到这一点，只是将其当作理所当然的事，从而错失了关注和思考的机会。

怎么样，是不是还想再多了解一点量子的世界呢?

为什么我们能绘画?

现如今，电脑让我们能更加快速地写文章，只要通过键盘输入就能将文字排列到一起。以前，人们的书写工具主要还是铅笔、钢笔和毛笔。

我们可以用铅笔来写字，也可以用铅笔来绘画。对孩子们来说，铅笔是表现自己想象力的一个工具，不论过去还是现在，铅笔都是我们最熟悉的东西。其实，用铅笔进行书写或绘画，也是一种量子效应。因为铅笔也是由原子和分子构成的一种固体，它要保持其基本的形状，纸张也是一样，只不过，这两样东西分别是由形状不同的原子和分子所构成的。纸的表面乍一看好像很光滑，但其实上面有因原子和分子的形状不同而形成的凹凸，当铅笔碰撞到这些凹凸上时，构成铅笔的一部分原子和分子就会被刮下来，并残留在纸张表面，以线条的形状构成了文字或图画。

铅笔总是越写越短，原因就在于这种刮擦的结果。假如纸的表面真的呈现一点凹凸都没有的光滑状，那么铅笔就不可能与其产生刮擦，就什么也写不了了。多亏了量子世界里的原子和分子，才能让我们将文字和图画传播给他人，这给人类社会带来了极大的帮助。

如果没有原子和分子的存在，桌面和地面等将变成真正光滑的表面，无法形成摩擦。正因为有了原子和分子，物体之间才能产生摩擦，甚至有时还会被刮掉。这被称为摩擦现象。利用这种摩擦，我们才能够行走，汽车才能够前进以及刹车。当我们走路时，鞋底会与地面发生接触，利用摩擦作用而向前行走。如果没有原子和分子，完全是真正光滑的世界的话，我们就没法向前走了，因为鞋底一直打滑。当我们穿着袜子走路时很容易滑倒，就是因为袜子的表面与地面之间摩擦力很小的缘故。汽车的轮胎也是如此，当其能与道路的表面进行摩擦时，就能使汽车获得向前的推动力。为了获得一定的速度，轮胎就必须与道路进行大力道的摩擦。如果打滑的话，连转向都可能无法完成。刹车也是通过轮胎与刹车片之间的摩擦来实现的。雨天时，由于水分子的进入使轮胎与地面的摩擦力减弱，从而导致轮胎很容易打滑，很难刹住车，同时也不易前行。

原来，量子世界的“居民”在我们的世界里，扮演着如此重要的角色。

光会在横纵方向上振动

微小颗粒也有不能通过的地方。正如之前所说的，有些“墙壁”的材质会使其无法穿过。比如，能遮挡光微粒的太阳镜，就是这样一种物体。太阳镜能够阻碍部分光通过，从而削弱光的亮度，让到达眼睛的光变得舒适。它并非削弱了光微粒原本的强度，而是通过减少光微粒的数量来实现的。

这就像是在某处设置了一道关卡，其中一部分光微粒无法从此通过，便实现了减少其数量的效果——这就是太阳镜的原理。而这个“关卡”就是偏光镜片[1]。由于引导光微粒的

[1] 只针对偏光型太阳镜。——编注

忍者在做兔子蹦的运动，所以可以对镜片进行加工处理，使这些忍者在运动时撞上镜片。具体是怎么做的呢？就是让保持镜片形状的分子紧密地排列起来，这样就能妨碍到跳动的忍者。如果再在角度、方向上做一些改变，就能在跳跃方向上进行阻拦了。比如，可以有选择性地让横向跳动的忍者通过，而纵向跳动的忍者就会被拦下。就是利用这种针对忍者的关卡，才能让太阳镜阻挡忍者的前进，实现对光微粒数量的调节。

生活中十分普及的液晶电视，也是利用相同的原理。液晶电视中有一个背光模组，它会不间断地发光，通过设置一种能改变方向的关卡机关，来分别调节各种颜色的光微粒的数量，从而构成各种各样的静止图像，这些静止的图像进行连续变化，就形成了活动的影像。人类创造出这些伟大技术，可以对光微粒、原子、分子进行自由操控，使日常生活变得丰富多彩。

顺便一提，以前的电视机是用显像管技术来成像的，所以体积会特别大。做成这么大，也是事出有因的。显像管能从其最深处发出大量的电子微粒（电子微粒也是量子世界的“居民”），而这些电子微粒将撞击到显像管正面的“墙壁”上，撞击位置以及力道能够进行细微的调整。显像管正面的“墙壁”上涂了一层荧光物质，被电子微粒撞击就会发光，这样就会产生各种颜色的光微粒。这是一项非常了不起的技术，要想在屏幕上显示出某种颜色，就必须让小小的电子微粒精准地命中荧光物质的某个位置。人类的技术实在是太厉害了。显像管的纵深之所以做得这么长，就是为了让电子微粒能覆盖整个显像管的正面，同时留出能让其改变行进路线的空间余量。

有趣的是，当把吸铁石靠近显像管时，也会改变电子微粒的行进路线，屏幕上的画面就会发生扭曲，想必有人做过这个恶作剧。其实，显像管的内部也是利用磁铁来快速微调电子微粒的路线的。这么看来，电视机真算是一台精密的装置呢。

令人吃惊的量子世界

在我们看来，当若干个微小颗粒紧贴在一起时，依然是微小的东西。哪怕是数个微小颗粒的集团，也仍然属于我们肉眼看不见的微观世界。这里，我们假设有两个紧挨在一起的微小颗粒，而引导这两个微小颗粒的忍者，则同时具备“一方举起右手时，另一方就举起左手”以及“一方举起左手时，另一方就举起右手”这两种可能性。当把挨在一起的两个微粒突然分开后，这两种不同的可能性会如何保持呢？

令人吃惊的第一件事是，即使这两个微粒突然被分开，这两种可能性仍然继续存在着。其中一个忍者举的是右手，那么另一边的忍者肯定举的是左手；反之亦然。

令人吃惊的第二件事是，被观察到的情形和察觉到的情形是同步的。当我们要调查微小颗粒当前的状态时，就必须借助相应的仪器设备。但是，当我们架好仪器后，原本同时具备的多种可能性，就会被限制为某一种可能性。大家可以联想一下双缝实验中，我们为了弄清楚光微粒到底是从哪一侧通过时的情形。当我们用仪器观察分开的两个微粒中的一个时，发现它举起的是右手，那么此时对于另一方的微粒来说，由于没有架设仪器，所以理论上它举起右手或左手都有可能。但是，正如我们上文中所描述的那样，它举的肯定是左手。从结果来看，这两个原本挨在一起的微粒，好像实现了“配对”。

更加令人吃惊的第三件事是，无论二者分开多远，这一结果都会持续保持下去。哪怕将其中一个微粒运送到地球的另一端，也仍会是这样的结果。无论离得有多远，原本在一起的两个微粒，仍然“心心相印”。

量子隐形传态

两个微粒即使互相远离，也仍能保持着一种关联[1]——这一事实在被发现之初，曾引起过很大的争议，这确实是一个很奇妙的现象。被分开的两个微粒，在相距很远的情况下，出人意料地表现出了某种关联性，当我们观察其中一方举起的是哪只手时，其结果竟然取决于另一方。这大概就是“心有灵犀一点通”吧。

这里我们又要提到爱因斯坦了。他在相对论中就曾提出过“任何信息的传递都不可能超过光速”的主张。

[1] 这种关联称为量子纠缠。——编注

当其中一方举起右手时，另一方就好像立刻知道了似的举起了左手。也就是说，信息在一瞬间被传递了——当时这样的解释曾引起误解，还引发了混乱。但是，就双方动作的详细情况来说，二者是互不知情的。一方的动作到底是怎样的，只有亲眼看见的人才能知道，而持有另一个微粒的人是不可能知道的。

那些知道“一方举起右手”的人，必须借助某种途径将这一事实传递给持有另一个微粒的人才行，但如果借由某种途径来传递信息的话，就一定会耗费时间[1]。因此，这与爱因斯坦的说法并不矛盾。

引起这一连串误解的现象，就是量子隐形传态。遗憾的是，这并不表示发生了时空扭曲或者瞬间移动，它仅仅是一个很酷的名称而已。我们可以利用这一现象，将“举右手或举左手”的两个微小颗粒送到相隔很远的地方。当我们将“我这边举起的是右手哦”的信息告诉给另一边的人时，对方就能了解到：“是吗？那此刻我这边的微粒举起的就是左手啦。”这对于希望得到“举左手”的结果的人来说，将是特别重要的信息，而且具有很大的利用价值。因为在以前，无论如何只能通过实际观察来得到这一结论。

---

[1] 速度也一定不会超过光速。——编注

量子世界的日常

天气好，心情也好，就会很想到户外去走走。

人的心情会因季节的变化而受到影响。那么，此时在原子或分子这样的微观世界里，又正在发生着什么呢？“温度”是我们非常熟悉的一个概念，也是日常生活中经常会用到的一个词。它其实就是用来表示冷热的数值，但实际上，也是用来表示原子或分子等微小颗粒活跃度的一个数值。所谓的温度高，就是指原子或分子的运动很激烈；而温度低时，则表示原子或分子的运动没有那么活跃。例如水，H_2O 分子的集合体，当温度很低时，它会变成冰，而温度升高时，又会变成水，甚至还会变成水蒸气的形态。这就是说，虽然同样

都是 H_2O 分子，但它会根据温度的不同，呈现出不同的样子[1]。冰之所以不同于水，是因为其不会流动，具有“不能动”的特点。这是微小颗粒们不活跃、“紧紧抱团”的一种状态。H_2O 分子手挽着手组成一支队伍，即使你去按它们，它们也不会发生移动，这就是固体形态的冰。

要想让冰温度上升，就必须引入热量。我们可以通过生火，或者在冰旁边摆上其他热的东西来实现。此时，双方会发生能量交换。由于冰从热源那里获得了能量，所以原本很热的物体失去能量，分子的活跃度逐渐降低，温度随之下降，这个过程就是冷却。另一方面，获得了能量的 H_2O 分子，会变得很活跃，从而甩开其他 H_2O 分子的“手”，变得可以自由活动。当 H_2O 分子变得活跃时，温度就会上升，而能够活动的 H_2O 分子越来越多后，就会呈现出水的运动状态，开始流动起来。这就好像由于受到了外界的刺激，而终于摆脱了蜷缩状态。

虽说水能够流动，但是 H_2O 分子因为仍受到一部分“牵手”的影响，所以还不能完完全全地自由运动。当我们进一步导入热量时，其运动状态将会变得更加自由，变成水蒸气

---

[1] 水的状态也与压力有关，在特定温度和压力条件下，气、液、固中的两种或三种状态可能同时存在。——编注

的形态，最终连我们的肉眼都看不见了。之所以看不见，是因为H_2O分子朝外部自由飞散导致的。当其还是水的状态时能够被我们看见，是因为数量达到一定程度的微粒，紧挨在一起组成了一个“块”，可以反弹从四周飞来的光微粒，这才让我们看见它们“原来在这儿”。当变成水蒸气时，H_2O分子能够更加自由地运动，运动速度也变得很快，同时其非常微小的体积无法反弹光微粒，所以，我们就看不到它们在哪儿了。

获得了自由的水蒸气，会不断地往上升，飞散到空中。如果运气不好的话，会撞上天花板或玻璃窗，这样就会失去能量。因为，能量都传导给天花板或玻璃窗的原子和分子了。同时，其他同样撞上天花板或玻璃窗的H_2O分子会互相捕捉，重新结合在一起，回到水的状态。这就是天花板或玻璃窗上水滴的由来。

运气好的话，水蒸气就能一直升到天空中去，获得真真正正的自由。但是，因为地球引力——吸引一切物体的力——的影响，仅凭最初所获得的能量，水蒸气所能到达的高度是有限的。越往高处去，变成水蒸气的H_2O分子就越少。所以，大部分的水蒸气会驻足于对流层。此外，还有一些其他的气体（如氧、氮、二氧化碳等），虽然来源和因素各不相同，但是基本上也都同样驻足于对流层。像这样，才让我们的地球拥有了空气，生物才能够生存下去。

如果是在一个房间里的话，往往热空气会处于上层，而冷空气会处于下层。在了解了本节的内容后，相信你就能知道为什么会这样了。因为，处于上层的都是比较活跃的空气分子，而处于下层的则是不太活跃的空气分子。很多人都有过使用空调制热的经验，你可能感觉房间没有那么温暖，但当你站起来后，就会觉得上层的空气很温暖，就是这个原因。因此，我们需要让空调热风朝下吹，使下层的空气流动到上层，形成空气循环之后，才能更高效地制热房间。

比南极还冷的世界

这一次，我们反过来试试使温度下降吧，也就是让微小颗粒的活跃度降低。要降低温度是一件非常困难的事情。为了使物体失去能量，就必须将能量转移到其他地方去。温度高的物体会向温度低的物体以“热量”的形式转移能量，因此，我们需要事先准备一个温度更低的物体。为了实现冷却的效果，我们不得不准备一个更冷的物体——这不是与我们的目标本末倒置了嘛。

那么，让我们将目光放到微小颗粒身上吧。所谓的温度低，就是指微小颗粒们呈现活跃度很低的状态，所以，如果能抑制其运动不就可以了吗？当微小颗粒完完全全不再运动时，就是能够冷却到的极限程度。也就是说，温度是有极限的。我们平时常用的温度单位是摄氏度（℃），水开始结冰时的温度定义为0℃，而水开始变成水蒸气时的温度定义为100℃，以此来方便我们日常生活使用。用数字来表示微小颗粒的运动状态，叫作绝对温度。温度能下降的极限，大约是-273℃，这被称为绝对零度。世界最低气温的记录在南极，为-93.2℃，而绝对零度可是要比南极还要寒冷得多。

科学家们以绝对零度为目标，不断地发展冷却技术。目前所能达到的最低温度，是通过激光冷却技术实现的。这里我们又见到了“激光”这个词，还记得光微粒吗？激光其实也是一种光微粒。这种光微粒以微小颗粒为目标，分别从左右进行夹击，这样一来，微小颗粒的运动状态将会受到限制，直至停止运动。这项技术主要用于处理微小颗粒的集团。除此之外，还有一种蒸发冷却技术，这种技术能将能量较高的部分赶到外部去，仅留下能量较低的部分，形成一个低温的集团。科学家同时运用这两种技术，几乎可以达到绝对零度[1]。

---

[1] 2003年麻省理工学院的实验将原子温度降低到比绝对零度仅高约0.00000000045℃。——编注

遗憾的是，这两个方法虽然能够达到超出我们想象的极低温度，但并不能实现对大量微小颗粒的同时冷却。因此，科学家仍在夜以继日地摸索更高效的冷却方法。

时间不会停止

随着技术的不断进步，人类能够做到真正的绝对零度吗?

实际上，这是不可能做到的。原因与量子世界的性质有关。

正如我们前面所说的，为了决定一个微小颗粒的命运，隐藏在其背后的忍者将会摸索一切的可能性。正是由于这个忍者的暗中活动，所以微小颗粒的运动是不可能完全停下的。可要想实现绝对零度，就必须使微小颗粒完全停止运动。在被抑制运动时，忍者会一直不停地探索各种出路，摸索一切可能性，“到底该去哪里好呢？”所以即便我们尝试抑制微小颗粒的运动，它仍会保持一定的振动。这被称为零点运动。它是物体运动的最小单位，也是细微运动的极限。由于它的存在，微小颗粒会保持不停地运动，并常常保持变化。因此，绝对零度是不可能达到的状态。

我们之前想象过，绝对零度就是一切物体都不再运动的状态。如果实现的话，那么物体就将一直保持当前的状态，且永久保持下去。听上去就像一个完美的冰箱，能永久保鲜不变质。但是，由于绝对零度是无法实现的，所以这永久保鲜的冰箱就不可能出现了，真遗憾。

这个话题也与“时间的流逝”有关系。所谓“时间”的概念，只有在物体发生变化时我们才会意识到，如果没有发生变化的话，就不会意识到时间流逝。当物体完全不运动时，就会有时间停止的感觉。可以说，做到绝对零度的同时也停止了时间。但这是做不到的。

由此可知，自宇宙诞生以来就被决定了的这一极限状态，与时间的流逝这样“理所应当”的事情有着关联。仅从这一点来说，量子的世界真是非常有魅力啊，难怪会俘虏众多研究者的心。而他们每一天都有新的发现，并不断地发展出新的技术。

平时我们在生活中并不会感知到这种极限，只是对眼前的物体进行移动和摆放。如果有人告诉你，其实这些物体自身都在进行细微的振动，我想你肯定不会相信吧。但有一个方法，说不定能让你实际感受到这一点。如果你用手指触碰烧热的平底锅，那你会被烫伤——是的，就是烫伤。为什么同样一个平底锅，当其温度很高时我们会被烫伤，而温度很低时就不会呢？这是因为构成平底锅形状的微小颗粒在烧热时进行着激烈的振动，从而对你的手指发动了“攻击”。而冷的平底锅中，这些失去了能量的微小颗粒则表现得比较温和，所以你的手指不会被“攻击”。

我们能用手指感知冷或热，就是物体在振动的原理。我们手指皮肤的表面上有相当于传感器的组织，能感知到微小颗粒的振动，从而让我们区别出冷和热。

所以，我们并非对这些微小颗粒一无所知，只是以前未曾关注过它们而已。

第二章

通过量子思考宇宙与生命之谜

何谓“看得见”？

我们仰望星空，能看到很多的星星在闪烁，这是不是让你回想起了孩童时代听过的话——“这些都是遥远的星星”。你肯定也想象过这些都是什么星星，到底离我们有多远，上面是否住着外星人等问题。

到底为什么我们能看见星星，或者说能看见物体呢？人类的眼睛具有感知光的功能，当光微粒到达眼睛里，就产生了“能看见”的感觉。这些光微粒可能来自太阳或者荧光灯，总之，是从某个光源发射出来的。当它撞到某个物体时，会被反弹或者从中穿透，经过一系列的动作以后到达人类的眼睛。人的眼睛还能在光到达时识别出是什么颜色，真是了不起的能力呢[1]。是什么颜色，取决于光微粒以多大的势能进行撞击，也就是由其所具有的能量决定的，而能量的多少又取决于忍者上下运动的速度（频率）。如果是运动速度很快的忍者，就会呈现出紫色，而稍慢一些的忍者，则会呈现出红色。就像彩虹的颜色一样，按照从慢到快的顺序，依次对应为赤、橙、黄、绿、青、蓝、紫七色。撞到物体或穿透物体都会对忍者的上下运动产生影响，从而使其动作发生变化，这样人们就会看到颜色发生改变的光。忍者的动作发生变化的原因，就是其撞到或穿透物体，因此我们就会将颜色发生改变的光视作该物体的颜色。

例如，我们之所以能看见月亮，是因为来自太阳的光照射到月球上，经反射后到达地球并进入人的眼睛，听起来有种浪漫的感觉呢。遥远的太阳发出的光，一路狂奔到月球，刻画出月球的模样后又飞进我们的眼睛，于是我们便看见了月亮的样子。更有意思的是，这个月亮的样子，其实是“过去的月亮”的样子哦。因为，先是由月球反弹了光微粒，之后才到达我们的眼睛。也就是说，这些忍者送到人眼中的，是记录了之前月亮模样的光。我们此刻所看到的并非“现在

[1] 眼睛接收的光线信息还要经过大脑的处理，才能形成我们最终看到的图像。——编注

的月亮”，而是“过去的月亮”，忍者将宇宙过去的样子传递给了我们。

除了月球以外，天空中还有其他发光的星星，它们也是连绵不断地反射了太阳这颗恒星小伙伴的光。而当这些光到达人的眼睛后，人们就能看见它们的姿态。距离近的星星通常会发出亮光，而暗淡的星星由于距离过远，所发出的光大部分无法抵达人的眼睛，因此就很难看清楚它们。距离越远，光传播所需的时间也就越长，所以，我们看到的并不是这颗星星现在的样子，而是其过去的样子。引导光微粒的忍者，将过去的样子原封不动地保存并传播了过来，就像“时间胶囊”一样，也可以说，这是让我们了解过去事物的一种记录装置。因此，我们现在所看到的星星中，有的其实早就不存在了。这么想来，又多了一份莫名的伤感呢。

还有些光是我们人眼看不见的，如能量非常强的紫外线、做透视检查时使用的 X 射线等，反之还有能量很弱的红外线、广播使用的无线电波等，这些光都确实存在于我们身边，只是肉眼无法看见而已。其中 X 射线能够穿透人的身体，能量是非常大的。通过使用感光度较高的底片，可以借助 X 射线看到人体内部的影像，就像是忍者“侵入”了我们体内并进行探索一样。

观察中微子

之前，我们都是围绕“光微粒”来展开话题的，其实量子的世界里还住着其他的“居民”。接下来，就介绍几个大家可能听说过的“小伙伴”。

首先是中微子，在本书的开头就曾提到过它。与中微子有关的研究成果，也让很多日本人开始关注诺贝尔奖（物理学奖）。遗憾的是，这个中微子属于人眼看不见的微小颗粒，虽然光微粒也很小，但由于人眼能对光微粒产生反应，所以我们能够“看见”它。而所谓的“看不见”，就是指人眼不会对中微子产生反应。即使如此，也许还是有很多人想了解和看一看这个真实存在于我们身边的小东西吧。

那么，我们就来尝试捕获中微子，并让人眼也能看见它吧。要想看见中微子，首先需要准备大量的水。虽然中微子基本都是在做随机运动，但如果同一片区域同时有其他种类的微小颗粒存在的话，中微子就会与其他微小颗粒互相碰撞而引发“交通事故”。平时太过微小而无法被我们看见的中微子，就会因为这场“交通事故”被我们发现。因此，大量的水就是为了让中微子能与水分子发生“交通事故”。

大量的水中有很多水分子，而这些水分子含有微量的电子微粒。当水分子与中微子偶尔发生碰撞时，电子微粒就会因这场“交通事故”的影响而被猛烈地吹出来，这将会在其周围出现光冲击波。光，还有一个别名叫电磁波，也是由电子微粒的振动而形成的。所以，电子微粒在“交通事故”中被猛烈地吹出后，就会在水中传递光冲击波。即便中微子本身是不可见的，但光冲击波却可以被视作其存在的一个证据。不过，这个光冲击波本身也是十分微弱的，靠人眼仍无法捕捉到。因此，需要一个能放大这微弱光线的装置，我们才能清楚地观察到它从何处来。要想看到原本不可见的东西，着实是一场艰巨的挑战：为了防止混入中微子以外的其他东西，这个实验要在很深的地下进行。同时，还要通过各种努力保证水质的纯净，以便更容易捕捉到光冲击波。

最近成为大热话题的“引力波”，也是人们通过努力将

“不可见”变成“可见”的一个例子。当质量很重的物体运动时，它产生的影响（引力波）会在宇宙空间中传播，这也是爱因斯坦曾经设想过的一种现象，但由于其表现非常非常微弱，所以我们既感觉不到也看不到。用比较夸张的说法来说，引力波就像地震一样会使时空产生扭曲，导致原本按直线前进的光发生了弯曲。这样的话，我们可以借助之前介绍过的双缝实验，来感知引力波的存在。事先准备两条通过不同路径的光束，当感知到空间扭曲时，光的传播路径也将发生变化，这样一来，忍者进行“兔子蹦”的时机就会发生错位，导致条纹形状的位置发生微妙的改变。从光的条纹变化，我们就看到了肉眼无法捕捉到的引力波。将“不可见”变成“可见”，这真是一个令人激动的话题。

也许会有人质疑，难道仅仅是为了这份激动，而去做这些实验吗？这些成果到底有什么用呢？其实，这是一项特别重要的研究。

让人意外的是，原来光也会很容易发生碰撞和扭曲，也会有抵达不到的地方。与光相比，中微子和引力波则是千里迢迢从更遥远的地方传来的。从这一点来看，中微子和引力波具有更难被碰撞、更难被其他物体干扰，而且能比光传播更远距离的性质。

之前我们说过，从遥远地方传来的东西能让我们看见

“过去”的样子。我们观测到的某些中微子源自质量巨大的恒星坍缩后引发的超新星爆炸，这可以被看作是一颗恒星的死亡。当我们看到它时，那个恒星早已经不存在了。所以，除了光以外，我们同样能利用来自远方的中微子和引力波等，来研究事物以前的样子。要知道，宇宙仍有许多的未解之谜，而这就像是我们为了取得某个重大发现而提前做好了准备，因此这些研究可以说是很重要的一大科学进步。

看不见的黑洞

竟然有从太空飞到地球上来的微小颗粒，而且还能让我们借此弄清楚遥远宇宙的样子——相信无论是谁听到这样的话，都会变得心潮澎湃吧。确实，宇宙中有许多能引起人兴趣的话题。

其中要说最神秘的，肯定非黑洞莫属了。黑洞是由无法承受自身重量的恒星坍塌后所形成的。这颗恒星有着非常强的引力，最终就是这吸引一切物体的力量，导致了其自身的坍塌。所谓引力，是指物体越重越会受到强烈吸引的一种力。因为有了引力，我们才能站立在地球上，而不是飘到宇宙中去。在重力较弱的星球上，其对物体的吸引力就会较弱，稍微用力一跳，人就能飞到宇宙中去了。同样，因为有了引力，空气才能被吸引并停留在地球的周围。所以，包括人类在内，地球上的生物之所以能够生存，都是托了引力的福。

地球的大小刚刚好，但如果是一颗成长得超出必要的巨大恒星，随着其引力的不断增加，会开始吸引更多的物体，直至让自己发生坍塌，这就是恒星的末日。此时，恒星就会像被挤压的橡皮球一样弹跳起来，将此前吸引的所有物体都吹出来，这就是超新星爆炸。这一过程会释放出大量微小颗粒，包括中微子在内的各种能量形式。这听起来是不是有些伤感呢？但是，只有通过这种超新星爆炸，才能为宇宙带来新的微小颗粒。宇宙中能有这么多种物质存在，就得益于超新星爆炸过程中所形成的微小颗粒。因为，它们在恒星内部被吸引挤压时，会与一同被挤压的其他微小颗粒进行组合，从而变成新种类的微粒。

有些恒星即使发生了超新星爆炸也不会将物质吹出，而是会残留其内核。这个内核是由大量的微小颗粒聚集而成的，质量非常大，但同时却失去了将物质吹出的力。这样的话，由于其自身的重力作用，恒星会进一步坍塌，引力也会继续增加，最后就会变成吞噬一切的黑洞状态。太过强烈的引力，就连光微粒都无法从中逃脱而被黑洞吞噬了，所以谁都看不见黑洞。

在黑洞中沉睡着过去的宇宙

引力能把恒星尸体发展成将一切都吸进去的黑洞。如果我们将黑洞的概念与之前说过的“来自远方的光，能传递遥远事物过去的样子”结合起来的话，将会注意到一件更有意思的事情。

黑洞能吸引所有的东西。这里，我们就以沙地为例。当沙地里出现了蚂蚁，为了捕捉它们，我们挖出一个大大的沙坑。蚂蚁会拼命地向外爬，以求从沙坑中挣脱出来。但是，沙子会不断塌陷，最终让蚂蚁无处可逃。这个状态，与黑洞捕捉并吞噬光的状态十分接近。然而，如果困住蚂蚁的沙坑很浅的话，蚂蚁还是能逃出来的。也就是说，仍会有无法困住蚂蚁，最终被其逃脱的沙坑。

黑洞也是一样，它的中心位置存在连光都能吞噬的强大引力，而周边位置的引力就会稍弱一些。

而恰好在二者的分界处，光就会处于一直挣扎且尚未被吞噬的状态。这些是何时出现的光呢？它们都是黑洞在形成之时就已经存在的光，由于处于一个刚刚好的位置，使得其被引力吸引的势能与其逃脱的速度之间达到一种平衡，所以，最终看起来就好像停止了一样。

这个刚刚好的位置，就叫作事件视界。那里驻留的都是被黑洞吞噬的物体所发出的光。因此，如果我们能回收这些光的话，也许就能知道黑洞周边曾经存在着哪些物体，黑洞又到底吞噬了些什么。有很多科幻故事就是基于这样的设想写成的。

如果被吸进黑洞的话

假如在你眼前突然出现了一个黑洞，你会怎么办？

当然，真到了那个时候，肯定是二话不说赶紧逃走啊。这里提出这样的假设，只是为了研究能将光都吞噬掉的黑洞的性质。

刚才还能看到的星星，会被这个黑洞吞进去。从远处来观察的话，就是这颗星星发出的光突然中断了。这是由于从这颗星星发出的光，无法抵达地球所导致的。

当我们尝试靠近某个星星进行观察时，会观察到星星自转时的样子。不过，如果仔细观察的话，可以发现它与平时相比出现了某种变化——自转的速度变得越来越慢，最后变成一片漆黑。啊！这时我们就会意识到它已经被吞噬了。之所以最后会变成一片漆黑，原因已经在前面说过了。因为黑洞可以连光都吞噬进去，所以光就无法抵达我们的眼睛。那么，为什么在消失之前，自转的速度看起来会变慢呢?

这是因为，当光正赶往我们的眼睛时，其背后出现了能吞噬光的黑洞。此时的光，为了逃脱不得不拼命地挣扎，这就会使光前进的路线变得扭曲。当黑洞形成时，距离它还有一定距离的光，并不会受到影响，所以仍能以光速抵达我们的眼睛，但接近黑洞的光到达的时间就会变晚，就如同时刻表被打乱的火车一样，发生了晚点。因此，最初还能以相同的间隔依次抵达的光微粒，会越来越晚到。所以，这样会让人觉得自转的速度变慢了。

说不定还有未能抵达的光微粒呢。如果我们更近一些观察的话，就能看到那些尚未抵达的光微粒被黑洞抓住了，它们记录了刚被吞噬后不久的那颗星星的样子。以这种形式被保存下来，也可以说是这颗星星在宇宙中留下的最后身影。如果我们能看到这些，就能知道在黑洞的周边曾经存在过什么，从而了解它们过去的模样。

接下来，我们克服再也回不了头的恐惧心理，继续朝黑洞的内部前进，将会看到那里还有未能逃脱出来的光，它们记录的是黑洞形成后不久的状态。所以，也可以说黑洞是记录宇宙的一个装置。

宇宙是如何诞生的？

关于宇宙的诞生，很遗憾目前还没有一个标准答案，恐怕我们只能想象是“嘭”的一下就出现了。我们已经知道的是，在宇宙诞生后就立刻引起了“大爆炸”现象，从而开始了急剧膨胀。而作为火种的小型宇宙，到底是如何产生的，至今仍是个未解之谜。虽然我们有各种各样的物理法则，但这种突然“无中生有”的现象，也只能让人联想起量子世界中的量子隐身穿墙术了。就像是突然穿过了“墙壁”，偶然间诞生了宇宙的种子。但是，如果是这样的话，那这个“墙壁”又是从何而来的呢？这个“墙壁”又是什么呢？我们对此一无所知。会不会还存在别的宇宙，同样是偶然诞生出来的呢？

我们常听人说“宇宙的诞生，是一个从无到有的过程”。那么，什么变化也没发生，一动不动的“无”的状态，能被认为是一种“固定的状态”吗？前一章中我们已经说过，在量子的世界里，是不可能存在完全停止和固定的状态的。这与上面的描述就产生了一些矛盾。如果量子的世界与宇宙的诞生有关系的话，那么在宇宙诞生之前的那个“无”的状态，就不会是一直毫无变化的状态，而是更加接近于忍者一直在摸索所有可能性、不停振动着的零点运动。乍一看好像什么也没有的“无”的宇宙中，也许有许多谁也看不见的忍者，正在拼命摸索着一切的可能性呢。当他们终于找到了一种可能性后，就诞生了我们的宇宙。这种从什么也没有的状态中，突然出现了什么的现象，在以量子隐身穿墙术为代表的量子世界中是可以存在的。不是神灵，而是量子所为。这种行为竟能发展扩大到今天宇宙这般规模的量级，而且带来了无法逆转的骇人变化，我想就连忍者自己也会大为惊叹吧。

不管怎样，宇宙的起点可能与微小颗粒的量子世界有关，关于这一点的前沿研究，目前仍在进行之中。微小颗粒与忍者到底是怎样诞生出宇宙的呢？也许，我们距离谜底揭晓的那一天已经不远了。

宇宙究竟有没有起点?

美国天文学家爱德文·哈勃[1]博士在观察遥远的星星与银河时，发现它们都在彼此远离。也许有的人对此不太理解，这里就来做个简单说明吧。

首先要说的是我们与星星之间距离的测量方法。如果是距离较近的星星，可以使用三角测量法。在地球上选择已知距离的两个点，然后记下各自观察到该星星的角度，这三个点形成了一个三角形。利用这个三角形就能计算出地球与这

---

[1] 爱德文·哈勃（Edwin Hubble）：星系天文学的创始人和观测宇宙学的开拓者，提供宇宙膨胀实例证据的第一人，被称为“星系天文学之父”。——译注

颗星星之间的距离。而对于距离较远的星星，则可以根据其发出的光的颜色与明亮程度来推算距离。从星星传来的光，要么是其构成物质所反射的光，要么就是其自身发出的光。地球就属于前者，而太阳则属于后者。如果是自身发光的话，光的颜色就是由星星的构成物质所决定的。前面也介绍过，忍者决定了光的颜色，而忍者的动作则取决于其出身。所以，我们能根据颜色来判断这是一颗什么样的星星，并且能计算出它会发出何种亮度的光。将这个结果与实际观察到的亮度进行对比，如果实际的亮度更暗，就说明它正在远离地球，同时，我们还能计算出二者之间的距离。

像这样，通过对遥远星星和银河发出的光进行观测，哈勃有了一个出人意料的发现：遥远的星星正在远离我们，而且离得越远的星星，其离去的速度就越快。这一现象让我们推导出宇宙在不断地膨胀。

就像膨胀的气球一样，宇宙是从一个小点开始膨胀起来的，逐渐变成今天这般浩瀚。哈勃的这个发现，为我们推测宇宙的起点提供了线索。

而在宇宙的外侧和边缘，又是什么样的情形呢？因为位置越远，膨胀的速度就越快，所以在最远的一端，应该就拥有最快的速度。“光速不可能被超越”——根据爱因斯坦提出的狭义相对论，我们可以了解到这个位置大约距离地球

137 亿光年（以光速前进 137 亿年的距离）。这是我们无论如何也到达不了的地方。因为，就算是将功率最大的引擎都绑到火箭上，仍无法达到光速。而作为目标的宇宙边缘，却仍在以光速“逃跑”，所以我们不可能追得上它。

“创世之初，要有光！”这句话是对的

虽然关于宇宙的起点还没有一个准确的答案，但是人们对此提出过很多种推测。例如，我们在地球上就能实际观测下面这个现象，当光微粒以很强的势能飞来飞去时，它会突然闪烁着分裂开来，出现一个电子微粒，以及与其性质完全相反的反粒子（正电子）。电子微粒与这个反粒子又会再次交会，重新变回光微粒。也就是说，从光微粒中会反复产生别的微小颗粒，消失后又变回了光微粒。通过研究光微粒、电子微粒以外的微小颗粒的形成过程，也许能让我们一点点地接近宇宙的起点。

科学家们正夜以继日地尝试各种实验，以期弄清楚

当微小颗粒之间发生猛烈碰撞时，是互相抱团变成新的微粒，还是会在撞碎后变成其他的微粒。随着这些研究的不断累积，我们就能大致了解在宇宙诞生后不久就出现的微小颗粒的变化。今天我们已经知道，宇宙中之所以会存在这么多种类的微小颗粒，是因为微小颗粒之间会不断地发生猛烈碰撞，从而产生新类型的颗粒。而每个微小颗粒都需要能量来完成这种猛烈碰撞，由此可以推测，宇宙诞生之初为了产生微小颗粒，必须有原材料及大量的能量。而且，要想从这些原材料中依次诞生微小颗粒，还必须有一个极为狭窄的空间，以使这些微粒处于被紧紧挤压在一起的状态，光微粒就是其中的一员。最终，这些微小颗粒会无法忍受一下子飞散出来，这就是宇宙大爆炸。这场爆炸形成了如今这般浩瀚的大宇宙。宇宙从那以后就开始了快速膨胀，而微小颗粒也四散到宇宙空间里，相互之间越来越远。但是，就像聚集到沙漠绿洲中的游客一样，一部分微小颗粒也会聚集到一起，逐渐形成更大的结构体，如巨大的星球和银河等。如果聚集了太多微小颗粒，就会让星球的质量变得越来越大，最终引发超新星爆炸并产生出新的微小颗粒，这就带来了更多的变化。一般认为，早期宇宙中不曾存在的物质或生命的新材料，就是在这一过程中形成的。

这些从遥远宇宙中传来的光微粒与中微子等微小颗粒，为我们了解宇宙诞生之初的样子提供了各种线索。其中，作为研究早期宇宙线索之一的“宇宙微波背景辐射”非常有趣，而发现这一现象的过程本身，就是一段趣闻。

50 多年前，美国的两位物理学家在使用高灵敏的天线进行实验时，注意到了一段令人费解的无线电噪声。为了弄清楚这一预料之外的噪声，他们逐一排除了一切可能的干扰因素，甚至连落在天线上的鸽子粪都考虑到了。但是，不管把天线清洁得多么干净，仍能不断地从宇宙的各个方向接收到这一不可思议的无线电噪声。在弄清楚这到底是什么的过程中，终于发现了上文提到的宇宙微波背景辐射。

虽然光微粒是从宇宙中的某个方向传来的，但经过我们的实际观测却发现，光微粒与 -270℃的低温物体所发出的光很相似。这么低的温度，意味着传来的光微粒逐渐在失去能量。由于宇宙在膨胀之中，所以使得光微粒不得不前行更远的距离，在这个过程中，光微粒就逐渐失去了能量。这就好像原本准备参加 10 千米马拉松长跑的运动员，突然被迫要跑 100 千米，最后跑着跑着就没了力气。通过与宇宙膨胀的状态相比较，可以推断出宇宙之初，这些光微粒应该身处于 3000℃以上的高温之中，并且，在宇宙诞生的早期，宇宙中充满了这些激烈运动的光微粒。

如果我们能对这些远道而来的光微粒进行更加精确的研究的话，就可以根据其微妙的差异，更详细地了解其来源地曾经发生过什么，而相关的研究也正在推进之中。

只有一个宇宙吗?

如果说，在我们所生活的宇宙之外，还同样诞生过其他的宇宙，这也并不足为奇。当前这个宇宙的诞生方式，可谓是一个奇迹，且具有一定偶发性。那么，在同一时期是否也诞生了其他不同的宇宙，这就不得而知了。

有些人认为，我们的宇宙虽然在诞生之初只有一个，但实际上宇宙自己还在不断地产生分支，并且在不断地增加。而且有意思的是，这套理论自身并没有什么荒谬之处。

决定一个微小颗粒命运的，是在暗中活动的忍者。忍者为了控制微小颗粒的运动，会摸索一切的可能性。而这种“思维方式”恐怕不会得到爱因斯坦的认同。因为，他曾说过那句名言——“上帝不会掷骰子”[1]。也许在他看来，“必须等到最后的最后，才能知道在所有可能性中，实现的到底是哪一个”。这非常令人焦虑吧。可是，不管我们做多少遍实验，微小颗粒的运动总是呈现随机性的状态。可以确定的是，它的运动确实是基于忍者摸索的结果而做出的选择。

从这一点出发，可以提出更进一步的设想。例如，另一种理论就认为，忍者摸索的所有可能性，都分别形成了不同的宇宙。微小颗粒每一次运动，都会分裂出各种各样的宇宙，而忍者所指出的各种可能性，实际上最后全都是实现了的。我们就生活在无限存在的、代表了其中一种可能性的宇宙里。这种想法与之前介绍过的量子世界的内容，也完全没有矛盾之处。这样一来，忍者摸索一切可能性的行为就具有了意义，这是该理论最有趣和吸引人的地方。

当然，也许有的人会对这种说法感到难以接受。毕竟，在我们所生活的这个宇宙之外，还存在着许多平行宇宙……这听起来稍微有点恐怖啊。因此，有人对此说法持怀疑态度。

---

[1] 这是著名物理学家爱因斯坦的名言，他曾认为量子力学的随机性不是本质的。——译注

弄清楚该说法正确与否的一个办法，就是进入到那个不同的宇宙里去看一看。遗憾的是，至今还没听说过有谁真的进入过别的宇宙，倒是科幻小说很热衷于这一题材。本书在后文中，还会涉及这一话题。

黑洞是宇宙的回收站

黑洞连光都能吞噬，并且还会一直保存被吞噬物体过去的样子。当某个恒星迎来自己的死亡时，那里就有可能诞生一个黑洞。如此反复的话，黑洞的数量就会一直增加下去，这么一来，岂不是整个宇宙都将布满黑洞？

黑洞，是由自身过重的巨大恒星发生坍塌后，所有物质被紧紧挤压到一个点而形成的状态。因为黑洞聚集了恒星碎裂后的物质，所以也可以说，黑洞是宇宙的废料堆积场。这些废料能不能被再利用呢？我们可以回忆一下关于“宇宙起点”的内容。之前说过，为了产生微小颗粒，需要事先准备原材料，而宇宙中的各种微小颗粒，就是从这些原材料中诞生的。那么，这种情况下，黑洞中的这些废料，不就正好相当于原材料吗？从这些废料中产生新的微粒，这一设想并非异想天开。

著名的天文物理学家斯蒂芬·霍金博士通过对宇宙起源设想的不断思考，预言了黑洞的死亡：在黑洞中，会从废料中不断诞生出一对一对的新微粒，这些成对的微粒会再次相遇变成光微粒。换言之，从废料中产生了光微粒。但是，即使在黑洞中发生了这一现象，这些光微粒也无法飞到黑洞的外面去，只能成为黑洞自身的一部分。

但是，在黑洞的外围边缘，即光微粒刚好有可能避免被吞噬的位置上，一对微粒中的一个会飞向外侧，而另一个则被黑洞吞噬，这种情况下会发生什么呢？由于这些成对的微粒都是从废料中来的，所以，黑洞中的废料会越来越少，黑洞也随之变得越来越小。可以预想的是，最终黑洞会消亡。到那时，新产生的微小颗粒将会飞出黑洞，就像温度很高的水蒸气一样，这些飞出来的微粒将会做自由运动。如果温度很高的话，这些微粒就会发出光，这会让黑洞的周围看上去像是多了一层明亮的雾气，这就是“黑洞蒸发理论”。基于这一理论的黑洞研究，也取得了一定的进展：黑洞本身是一个大型的系统，在其内部有光微粒与其他成对的微粒纵横交错构成了一个世界。从外部观察黑洞时，只能将其视作一个整体，看起来就像是冒着热气的汤一样。但是，汤的热气中也会含有汤的香味，所以，我们通过对黑洞周边“雾气”的研究，不就能了解其内部的情形了吗？前沿科学研究正在不断探究这一可能性。

人体为何会如此庞大?

到目前为止，我们已经讨论过了各种层面的话题。从肉眼看不见的微小颗粒，到宏大的宇宙空间。每一个都是能激发人兴趣的话题，但是我们真正感兴趣的，应该还是我们自身吧。是的，就是人类的世界。

与微小颗粒相比，人类是很庞大的存在；但是与宇宙相比，我们又是极为微小的。而且，我们的身体也是由微小颗粒构成的。为什么我们身体的大小，不是像微小颗粒那样的大小呢？假如真如微粒那么大的话，我们不就能施展“穿墙术”了吗？

首先，最大的一个问题是，如果我们的身体像微粒那么小的话，就会受到来自其他微粒运动的干扰，可能连自己的手都无法控制，想拿个东西都不行。从这一点来看，仅靠若干个微小颗粒来构成人和其他生物的身体，确实是很困难的。

此外，还有其他的不便。当温度很高时，构成我们身体的微小颗粒的运动就会变得很活跃。假设我们的身体仅由几个微小颗粒构成，那么随着气温的变化，整个身体就会不由自主地强烈振动。如果生活在水中的鱼，还有天上飞翔的鸟，它们的身体也是仅由几个微小颗粒构成的话，那么，它们就会很容易受到水分子，以及空气中的原子和分子的撞击。因此，我们的身体要想保持稳定的形态，以及做出可控制的动作，就必须达到一定程度的大小才行。

微小颗粒与庞大生物

虽然从根本上说，人类的身体是由微小颗粒构成的，但具备一定体积的细胞，才是构成人体的最基本单位。细胞中含有堪称“人体设计图”的 DNA，而这个设计图就藏在细胞核中。细胞通过自身分裂的形式，一边共享这张设计图，一边不出差错地、慎重地构成我们的身体。

DNA 是由大量微小颗粒组成的一种锁链状大分子。就是它，决定了我们拥有什么样的身体。所以，这一由微小颗粒组成的锁链状设计图，将具有极大的利用价值。就像之前所介绍的那样，量子的世界里，微小颗粒会因温度的变化而开始振动，此外，也会受到其他微小颗粒运动的影响。在这样的环境下，很难想象细胞能在分裂的同时，保证对 DNA 信息的正确复制。但即使在严酷的状况下，生物亲子之间仍能顺利完成 DNA 的复制。看来，这当中一定存在某种特殊的机制在维持着秩序。

薛定谔晚年时开始对“生命为何物”展开了深刻的思考，并积极探寻答案。虽然在那个时代，人们还没能详细了解 DNA 的双螺旋结构，但是，他仅凭掌握的理论和严谨的思考，就已经相当接近生命之谜了。

生物在活着时，能保持一个稳定的状态，可以在活动的同时，保持自身形态不变，只不过会逐渐衰老，最终迎来死亡，而遗骸将腐烂分解，最后“尘归尘，土归土”。也就是说，其形态是无法一直保持到最后的。所以，由同样的微小颗粒所构成的一个整体，生与死之间的区别，其实就是从“稳定”向“不稳定”的激烈变化。

让我们把话题说回 DNA 的大小上，由微小颗粒连接组成的 DNA，如果仅从其体积来看，应该是无法进行正确复制的。但是，它在生物中确实可以进行毫无差错的复制。现在我们已经知道了，这是因为即使中间出现了错误，也会有立刻进行修复的机制在发挥作用。

也许单个的微小颗粒太微小，很容易受到来自周边的影响，但是，它们可以少量聚集到一起，组成一个整体，这样当这个整体的任何地方出现错误时，都能够进行修复，这真是一件很奇妙的事情。经过不断累积，就构成了一个完整的生命体，就像由小的部门聚集起来，组成了一家大公司一样。微小颗粒通过这种非常巧妙的“接龙游戏”，让生物能够存活下去。解开生命之谜的关键，就在于微小颗粒的运动状态。怎么样？现在你知道了解本书的主人公，是一件多么重要的事了吧。

生物靠微小的机械生存着

细胞的生存离不开氧气。氧气通过血液被运送到身体各处，并与细胞相结合。这是传统的科学解释，但是你知道这个过程中都发生了什么吗？

首先，氧气是能助燃的。木头在燃烧时，氧气会与木头内部的碳元素结合，产生二氧化碳，在发出光和热的同时，形态也发生了变化。说到“发出热量”，这能给微小颗粒提供能量，使其变得更加活跃。在细胞中也一样，通过提供氧气的方式来向人体提供能量，所以我们的身体需要氧气。不过在这种情况下，氧气并不会立刻与我们体内的碳元素进行结合。为了产生能量，我们发现还必须加入电子微粒才行。

研究表明，电子微粒以非常快的速度通过细胞内部，就像产生能量的齿轮一样在转动。

电子微粒以非常快的速度在移动，这本身就是活跃的一种表现。因此，如果温度不够高的话，就无法有效地产生能量。也就是说，生物需要在温度相对严格的条件下才能够生存。

那么，为什么需要高速移动的电子微粒呢？最新的研究成果显示，主要就是利用它作为微小颗粒最擅长的量子隐身穿墙术。因为，要想高效率地产生出能量，并不需要非常活跃的运动，只需要让电子微粒高速穿过“墙壁”即可[1]。正是有了这样的结构，才让生物在低温的环境中生存下来。

像这样的发现越多，越能让人感觉到我们的生活是靠这些微小颗粒建立起来的。而且，利用好这些微小颗粒的特殊性质，就能让生物具备在更加复杂的环境中生存的能力。

---

[1] 电子不是直接在细胞内穿过“墙壁”，电子在细胞内的传递需要一些载体。——编注

光合作用也需要“忍者”的参与

之前我们关注的主要是生物中的动物，接下来我们就把目光转向植物。

植物与动物最大的区别，就是大部分植物能进行光合作用。这部分植物绿绿的叶片中有叶绿体，当太阳光照射到叶绿体上时，叶绿体就能将二氧化碳转换成我们呼吸所必需的氧气，这就是光合作用。而在这个过程中，电子微粒是十分活跃的。

叶绿体中有名为叶绿素的分子，光微粒飞进来时，会将叶绿素内部的电子微粒撞飞出去。由于原本在位置上的电子微粒飞出，导致它与其他电子微粒之间产生了空当，而飞

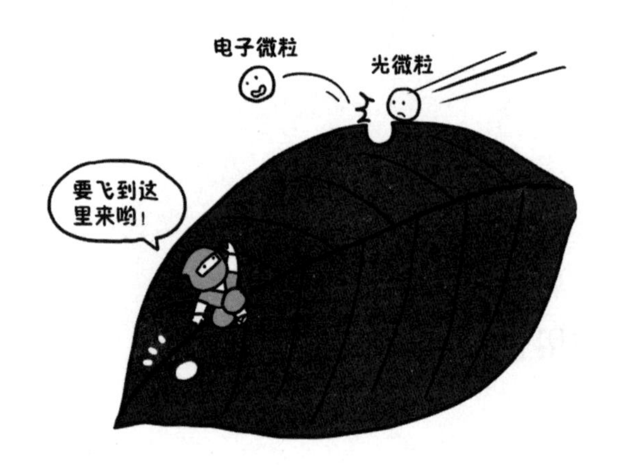

出的电子微粒最终还是会归位的。在这短暂的时间里，电子微粒必须飞到发生光合作用的场所才行，但是由于光微粒可能会碰撞到叶片的各个位置，因此会在哪里撞出电子微粒，事前都不得而知。然而，发生光合作用的场所却是固定不变的。所以，如果电子微粒不能到达正确位置的话，就等于白白浪费了。

到底该怎么做，才能高效而又不浪费时间地完成光合作用呢？

这里就要借助忍者的力量了，利用忍者在背后探索一切可能性的能力。是走这边好呢，还是走那边好呢？忍者对各种不同路径进行探索，然后瞬间决定下来："好！就走这边这条路，可以顺利完成光合作用。”植物之所以能高效地完成光合作用，利用的就是忍者的这种能力——这一大胆的假设被提了出来。虽然当初这一理论被批判很愚蠢，但是随着这一理论不断被验证，人们发现这很可能是真的。

在植物进行光合作用的背后，也有忍者的参与，真是不可思议啊。

我们能做出自己的复制品吗?

生物都会衰老，最终迎来死亡。身处这一命运中的人类，能否借助科学的力量，从大自然的规律中解放出来呢?

“长生不老”是很多科幻小说和故事中频繁触及的话题。当我们掌握了生物成长的方式及结构以后，理论上就可以阻止衰老，让人返老还童。实际上，有很多的研究正以此为目标，如火如荼地开展着。

而如果人们能制作出一个自己的复制品来，即使原来的自己生命到达终点，但这个复制品不是仍能以“我自己”的身份存在下去吗?

换句话说，就是由微小颗粒构成的人的身体，能否被完完整整地复制下来呢？以现有的技术来说，还是很困难的，但是，说不定未来的技术就能实现。但关键的问题还是在于负责我们的心智与意识的大脑……

所有的问题就集中在，我们的大脑到底能不能被复制下来？因为，这是人对微小颗粒性质利用得最具特点的一个部位。接下来，我们就详细地说一说。

这里先问一个问题：你觉得微小颗粒的世界里，最富有变化性的一点是什么呢？恐怕就是双缝实验中，光微粒在墙面上所描绘出的条纹形状吧。分别从两条狭缝通过的光微粒，在组合到一起后就形成了条纹的形状。一开始，要想理解这个“乍看起来极不合理”的现象的性质，还是有些困难的。假如，我们的大脑也是利用了这一性质，来对人的意识、判断，以及其他的动作进行控制的话，要想完美地复制出这些微小颗粒的运动，就是不可能完成的任务了。其实，我们已经知道，绝对不可能对具有多种可能性的微小颗粒进行复制[1]。如果人脑中生成意识和判断的功能并不是靠微小颗粒的特殊性质来完成的话，复制才有可能。

但是，当我们的大脑在做出各种判断时，也许就是由忍者在对“这个、那个”等一切的可能性进行探索呢。大脑从

---

[1] 这种现象称为量子不可克隆定理。——编注

记忆中回想起某个内容时，就像光合作用一样，说不定也是有忍者在不断探索呢。突然冒出的点子，也很接近于“微小颗粒穿透墙壁”的运动。此外，人们还能将以往的多个经验进行综合，从而产生出一个新的创意——大脑的这种惊人能力，是不是利用了微小颗粒的性质呢？

人的意识到底是如何产生的？人是如何做出判断的？也许利用的就是微小颗粒的性质——这么假设的话，并没有什么不自然的地方。虽然当下我们还无法得到一个确切的答案，但是在不远的将来，我们一定能逐一解开这些谜。让我们一起期待吧。

第三章

藤子·F·不二雄与量子的世界

哆啦A梦与量子的世界

要说藤子·F·不二雄老师最具人气的漫画作品，肯定要数《哆啦A梦》了。这部漫画让我从孩童时代起就对科学产生了极大的好奇心。故事讲的是乘坐航时机从未来而来的机器猫哆啦A梦，使用各种来自未来的、具有不可思议效果的神秘道具，将倒霉的少年野比大雄，从各种危机中拯救出来。

那么，你还记得都有哪些神秘道具吗？

能让人在空中自由飞翔的竹蜻蜓飞行器、能到达任何地方的随意门……每一个都是我们梦寐以求的啊。这本漫画创作于20世纪70年代，但在几十年后的今天，人们已经研发出了一些与漫画作品中设想的道具非常接近的科技产品了，真是让人惊讶于藤子·F·不二雄的先见之明。

这当中，有没有与微小颗粒有关的、利用了其有违常识的性质的技术呢？接下来，我们就换个角度，一起走进藤子·F·不二雄的想象世界里看一看吧。说不定在量子的世界里，这些“神秘道具”就能被制造出来呢。

通行圈

无论是什么样的墙壁还是某个物体，只要将通行圈贴上去，就能出现一个可以贯通的洞，真是一个充满想象力的世界啊。那么，这样的设想真能实现吗？

让我们回忆一下，在量子的世界里，微小颗粒是能够穿透墙壁的。忍者会尝试探索各种可能性，是能穿墙而过呢，还是会被弹回来？如果使用了通行圈的话，那么忍者探索的过程可就变得容易多了。至少，让单个的微小颗粒穿墙而过，还是能够做到的。可是，换成微小颗粒组成的“集团”，结果又会是怎样的呢？

实际上，真的“通行圈”技术已经实现了，那就是超导磁悬浮列车所使用的超导体。

首先，简单介绍一下超导现象。所谓超导，就是指电阻为零的状态，也就是电子微粒能毫无阻挡地进行流动的一种现象。对某种金属或合金进行低温冷却时，就会出现这一现象。普通的金属中，除了电子微粒之外，还有很多其他的“障碍物”。因此，电子微粒很难流畅地运动起来。而在超导状态下，电子微粒可以完全无视这些障碍物，直接从其中穿透过去。这不就和通行圈一样了吗？

超导状态下发生的变化是很复杂的，但可以简单地概括为下面的内容。

首先，原本这些电子微粒之间，平时关系都很差，各玩各的。于是，出现了一个“调解员”，让这些电子微粒一一配对。调解员的存在与否，是形成超导现象的关键。当温度开始降低时，运动受限的电子微粒就会开始抱团。虽然平时关系很差，互不来往，但现在由于调解员的作用而变得彼此和谐，大家能集体行动，形成整齐划一、组团前进的状态，就好像防灾演习时，会特别强调：“不要慌！请保持沉着冷静地行动！”如果慌慌张张各行其是的话，不仅本身的运动会遇到阻碍，也会妨碍到其他电子微粒的运动。但是，现在大家都能保持沉着冷静，在统一的领导下行动，所以电子微粒的流动就会变得很流畅。即使遇到一点点的障碍，也不会有多大影响，这样就实现了超导现象。因为是在统一领导下的行动，所以在思考能否穿透墙壁时，不能再以单个的微粒为单位，而是要以一个“集团”来思考。没有必要再要求多次抽中正确的签才能穿透，只要能抽中一次就可以了，这样的话，全员一下子通过的可能性就大大提高了。所以，只要能利用超导现象，就相当于拥有了通行圈。

关于超导现象的研究仍在不断地深入，科学家已开始挑战能否在不冷却金属的前提下得到超导状态。这是一项用于实现梦想的交通工具——超导磁悬浮列车，让我们共同期待科学家付出努力收获成果的那一天吧。

变大变小隧道

这个神秘道具的外形就像是一个两端出口大小相差极大的隧道。当人从大口或小口进出时，身体就会根据出口的尺寸而改变大小。所以，从大口进小口出的话，人就能进入到非常小的微观世界了。这真是一个很厉害的道具啊。但是，要实现这一设想，还是有些难度的。

物质都会遵循质量守恒定律。所谓质量，表示的是一个物体所受重力影响的大小。质量越大，其所受到的引力就越大，物体也就会变得越重。物质进行化学反应的前后，其总质量是保持不变的，这就是质量守恒定律。

因此，当我们从变大变小隧道中通过后，假设身体变得非常非常小，但是质量却仍保持不变，这会导致我们的身体紧紧地挤压到一起，而身体中的微小颗粒就会变得非常贴近。当它们以这样的状态被挤压后，会像橡皮球一样弹飞出去，那样的话，我们的身体会四分五裂，真是太惨了。此外，由于引力的影响会越来越大，最终说不定我们的身体就崩溃了。这就像前一章中提到的恒星末日那样，由于支撑不了自身的重量，最后只能坍塌崩溃，其结果就是可能形成一个黑洞。这可真是太危险、太危险了。

基于同样的道理，在使用另一个道具缩小手电筒时，也一定要特别注意哦。

如意电话亭

“假如世界变成这样的话……”只要走进如意电话亭，拿起听筒说出愿望，就能立刻让你梦想成真。我们之所以会思考“假如……”，是因为此时此刻的现实状况与我们内心的想法不一致，甚至完全相反。我们对于这样的现实感到不满或讨厌，所以才想要营造出一个不同的状况。

对于如意电话亭的原理，可以有以下两种理解。首先，请大家回想下双缝实验，当面对“该从两条狭缝中的哪一条通过”的选择时，如果最后选择了走左边，那么就会想如果当初选的是右边，又会发生什么呢？只有一个光微粒的话，可能就会想再走一次吧。此时，我们就可以用到如意电话亭了。

这种情况下，现实可能就会产生异变。就像第一章中所介绍的那样，量子的世界中可以同时具备多种可能性。因此，不是只能二选一，而是可以同时选择两边。这种状况与如意电话亭所描述的世界相比，还要超出我们的常识。这种超出我们想象的世界，就是量子的世界，这种思维方式将会变成新的常识，而基于此写出的科幻故事，说不定会更有趣哦。

除此之外，还有另一种情况。由于在量子的世界里，可以同时具备多种可能性，所以每次都会出现各种不同的结果。正如幕布上所显现出的条纹形状，它们在幕布上的位置，每一次都是不同的。

我们身处的世界，可能只是这么多种可能性中所实现的一个而已。在此之外，还存在其他的可能性。如意电话亭就是能让我们进入实现了“其他可能性”的世界的道具。是的，也就是说存在另一个宇宙。这就是我们在前一章中提到的平行宇宙的设想。我们可以将如意电话亭想象成是带我们飞进另一个宇宙的工具。不过，即使假设这是真的，也将是一件很麻烦的事情。我们要从分裂出的无数个宇宙中，选择哪一个才能实现我们想要的“未来”呢？光是这个寻找的过程，就得耗费一番功夫。而且，我个人认为

“未来”也不是那么简单就能被改变的。即使微小颗粒的运动发生了变化，但是我们所生活的世界，仍然是由大的物体所支配的。即使大的物体内部所包含的某个微小颗粒发生了变化，但其他的微小颗粒却仍遵循着原本的“命运”，所以这就不能形成大的趋势，整个世界仍将按照原来的“剧本”发展下去。例如，对于玻璃被打碎的状况，我们可以通过如意电话亭来选择玻璃没有被打碎的“未来”。但这样一来的话，就必须让所有因玻璃破碎而四散的微小颗粒，都按照我们的假设去修改它们的“未来”，这将会耗费超出想象的大量劳力。只是提出一个假设，然后就能改变未来，这真的是很难的一件事情。也许，“不变的未来”才是大自然的一种安排。

不过，当我们身体中极为微小的一部分发生了变化，然后这一变化会带来涉及整体的影响，那又该怎么办呢？一部分细胞出现了异常，这种异常会随着细胞分裂的过程而不断扩大，我们该怎么办？最初的异常，只出现在极为微小的某一部分上，但是之后波及了整体，这就无法视而不见了。所以，在最初的微小变化发生之时，我们可以使用如意电话亭来进行治疗。

现代医疗技术的发展，已经逐步能做到在这种异常还未出现之前，就事先采取预防的治疗措施。也就是说，对于所有能想到的可能性——相当于“如果……”所包含的所有设想——全部事先想好对策。

在医疗领域，我们已经相当接近拥有如意电话亭了。

暂停表

这是一个能将一切时间都暂停的神秘道具。出于什么目的而使用它姑且不问，但它真的是一个很有趣的道具。我们之前介绍过，微小颗粒所在的量子世界里，是不可能出现完全停止的状态的，忍者总是会探索一切可能性，所以微小颗粒会一直保持运动，最多只能说是将运动限制在了某种范围内。因此，暂停时间、暂停一切物体的运动，这在理论上是很难实现的。

但是，我们可以基于该道具的设定来进行思考。使用了暂停表后，只有使用者自己能动，而其他所有的一切都被暂停。

不再运动，意味着达到了绝对零度，所有物体都像冰一样变成了固体形态，整个世界就像是冰做的一样。因为，所有微小颗粒的运动都停止了，所以放眼望去，我们周围将是寒冷的世界，宛如迪士尼动画片《冰雪奇缘》中的场景。

那么，如果我们触碰这些停止的物体，会发生什么事呢?

人体保持着 36 ~ 37℃的体温，而构成我们身体的微小颗粒，为了保持这一形态就会一直“手挽着手”，仔细观察的话还会发现，它们一直在激烈地振动着。将我们身体的一部分——手指尖——伸出去触碰物体的话，相当于对已经停止了的、冰冷的物体表面发动了攻击。完全停止运动的微小颗粒，受到了来自构成人体的微小颗粒的激烈撞击，结果就是能量会从指尖（也可以说是构成指尖的微小颗粒）被夺走。36℃的物体与 -273℃的物体相接触，就好比微小颗粒猛烈地撞向了纹丝不动的墙壁，这会导致我们身体内微小颗粒的活跃度下降。这样一来，人很难平安无事。如果更现实一点来说，在伸出手指去触碰之前，我们所站的地方的地面温度就已经降到 -273℃了，所以，使用暂停表的人，会瞬间将自己也冻住。

使用暂停表先将时间暂停，然后又解除暂停，会发生什么事情呢？当时间停止时，地球的公转和自转也会随之停止。地球自转的时速接近 1700 千米，可以想象一下，以这个速度行驶的巴士或高铁突然急刹车时是什么样子。假如时间先被神秘道具暂停，接着又解除暂停，那么，所有的东西都将会朝着地球自转的方向飞出去。还有，我们这些地球上的生物，一直都受到重力的吸引，以及地球自转所产生的离心力作用，而我们则通过自己双脚蹬地的力量，与其达成一个平衡的状态，这样才能在地球上实现站立。但是，如果地球停止自转，离心力也将随之消失，在我们朝地球自转方向飞出去之前，就会感到自己的体重稍稍变重了。这种情况放到月球上也是一样的，如果月球突然停止自转，我们会朝着地球的方向一直掉落下去。

这么想来的话，“时间的起点”也是一个特别神秘的概念。在前一章中提到过，宇宙的起点出现之后，时间也随之开始了，从“一无所有”的状态中，突然就创造出了这样一个宇宙，这是让我们很费解的地方。

人们设想宇宙的起点是从一片充满势能与活力的、丰富的“能量之海”中产生的。由于还没有任何物质存在，所以，能量并不会以运动的形式呈现，而是表现为其他能量的形式，这样才能有更多的机会诞生出新的物质。利用这些能量，首先产生了构成物质的原材料，之后在此基础上，又制造出了像光微粒这样的微小颗粒，最终构建起了整个宇宙。

在量子的世界里，一切物体都是保持振动的，也就是说，不可能会真正停止。而随着研究的不断深入，人们发现用来构成一切物质的能量，也表现出与之相似的现象。从长远的时间角度来看，用来构成物质的能量，虽然并非一下子就出现的，但也是在非常短的时间内生成的。利用瞬间突然产生的能量，偶然性地准备好了用于制造微小颗粒的原材料。这么想来的话，我们这个宇宙的诞生，真的是拥有不可思议的偶然因素。不过，也可以说是由背后一直探索所有可能性的忍者将这种偶然变成了现实吧。

创世纪大全

这是在《哆啦 A 梦》剧场版动画中登场的一个神秘道具。

它可以很简单地模拟从宇宙的起点开始“创世”的过程。野比大雄就是用这个道具，完成了他的暑假作业——研究宇宙从诞生到成形的整个过程。从漫画中可以学到很多有关宇宙的知识，对孩子来说是特别有吸引力的。

我们来看看在这部作品中是如何制造宇宙的吧。首先准备好一个供宇宙诞生的空间，然后将名为“宇宙之素”的轻子（lepton）、夸克（quark）、规范玻色子（gauge boson）等几种微小颗粒撒进去，再进行搅拌，这样就制造出宇宙了。

之前已经说过，我们对宇宙的诞生还没有明确的定论，只能说不知从哪个时刻开始，就提前准备好了大量的微小颗粒。然后这些微小颗粒之间互相混合，突然引发了伴有强光与冲击的大爆炸。而这部作品也真实还原了宇宙早期所发生的事情：野比大雄在制造出的“小宇宙”中随意地搅拌，结果引发了大爆炸，他被掀翻在地。宇宙在诞生之后不久，随着大爆炸的发生而开始向四周延展，各种微小颗粒之间不再是相互混合，而是越离越远。作品中为了表现这一作用，使用了“搅拌”的描写，这是比较贴切的。这个道具要求必须定期在宇宙中搅拌微小颗粒，但是野比大雄因为偷懒，导致最初制造出的“小宇宙”以失败而告终。

这样宏大的技术在当下是不存在的，但我们可以利用计算机来进行模拟实验：准备若干微小颗粒，然后看看实际会产生什么样的结果。这个研究就相当于制造出了一个特别小的宇宙。虽然完美模拟微小颗粒的运动是非常困难的，但科学家们至今仍在努力。

平行宇宙同学会

藤子·F·不二雄老师除《哆啦A梦》外，还留下了其他知名作品。我个人认为，他的短篇作品集才真正体现出了他的科学洞察力与表现力。我们首先来介绍下《平行宇宙同学会》这个小故事吧。

故事的主人公是一家公司的总经理，他有一个从未告诉过任何人的爱好，那就是在工作结束后，一边喝着烫嘴的热咖啡，一边独自埋头创作小说。有一天，他听到周围传来了一些奇怪的声音。他想着不去理会这声音，结果却被一股冲击波带到了一个从未见过的空间里。

他的眼前有好几个跟自己长得一模一样的人。一打听才知道，原来在这个世界之外，还存在着许多个平行世界（平行宇宙），而他们所在的地方，就是这些世界合流到一起的交汇点。每一个“自己”都有着不同的生活状态，他们会定期在这里齐聚一堂，召开所谓的“同学会”，互相报告自己的现状。

我们的主人公以“成功者”的心态自居，和其他的“自己”敷衍地说着话，但是其中一个“自己”引起了他的注意，那是一个已成为小说家的“自己”。我们知道，主人公的一大爱好就是写小说，所以成为小说家一直都是他的一个梦想。在这个“同学会”上，如果想去体验不一样的平行世界，可以商量互相交换各自的生活。于是，主人公就与那个当小说家的“自己”商量，最后两个人互换到了对方的世界里。

正如前文所说，我们目前还无法确定是否存在其他的宇宙或平行世界。即使假设这种平行世界是存在的，实际上与量子表现出的性质也并没有任何矛盾之处，可以说是很自然的一种解释。而在这个故事中，真的有一个“自己”描述出了不同的未来景象，也许这些不同的“自己”，生活状态的差异有大有小，但在这个假设平行世界存在的设定下，各宇宙都是独立存在的，而且完全不会互相影响。否则的话，“在当下之外，还有另一个平行宇宙”的解释就不能成立了。只有互相不会影响，才能称之为“另一个宇宙”。我们越是深入了解，就越是会在意这一点。

这个故事后来讲到，那个已成为小说家的“自己”，他的人生其实是很凄惨的，因为作为小说家从来没有获得过成功，几乎是零收入的状态，最后沦落到每天在街上流浪乞讨。虽然故事中并未描述他是否后悔过，但是结尾抛出了“这样的交换真的好吗”的问题。像这样对平行世界的描述，在科幻小说中还是很常见的。不过，这个故事的有趣之处在于，自己能和“自己”开“同学会”。对于那个与“现在的自己”所处世界完全不同的世界，如果你想去的话，只需要跟另一个“自己”商量好，就可以进行交换。也就是说，只需靠自己的意识就能穿越平行宇宙。在量子的世界，忍者在探索完一切可能性后，最终会选择一种可能性来实现，在任何状态都有可能的前提下，突然就选择了具体的某一个。假如人类的意识也是由“同时具备多种可能性”的量子性质决定的，说不定我们真的能仅靠自己的意识就穿越到另一个宇宙中去哦。

虽然实际生活中怎么也不可能出现这种情况，但这部作品对宇宙以及意识的存在方式提出了非常尖锐的假设。

那家伙的航时机

接下来要介绍的，同样是选自藤子·F·不二雄老师的短篇作品集中的故事，描述的是一个坚信“绝对能制造出航时机”的男子与他朋友的故事。这个男子是单身汉，而他的朋友则已经结婚。

这天，朋友到这名男子的家中拜访，看到故事的主人公——这名男子坐在一块平淡无奇的木板上，上面只有一些零星装饰，他就坐在那儿一动不动。一番询问后，男子坚称这就是航时机。可朋友却嘲笑他说，这块普普通通的木板，怎么可能是航时机？但故事的主人公却表示，只要能进入蝴蝶效应循环中，就可以造出航时机。

蝴蝶效应循环又是指什么呢？意思就是说，假如我们能回到过去，我们就能从现在向过去施加影响。我们可以将“未来”的信息，教给对此还一无所知的“过去的人”。比方说，我们回到了40年前，就可以告诉“过去的人”，未来人人都用智能手机，这些带有电脑功能的电话，它们是这样制造出来的……这样的话，“现在”的状态就会发生变化，因为“过去的人”已经知道了有手机这种东西的存在，所以为了马上把它制造出来，就会立刻加快对其研发的速度。这样一来，等我们回到“现在”时会发现，手机已经变得更加先进了。如果我们再次回到“过去”，教授“过去的人”一些更加先进的技术，这样反反复复以后，“现在”的我们不就能掌握最先进的技术了吗？那如果教的内容是如何制造航时机呢？由于教给了“过去”的自己，所以“现在”的自己也就能掌握航时机的制造方法。这就是所谓的蝴蝶效应循环了。但是在理论上，相信这种“循环”存在而进入到“循环”中去的话，能到达的只能是“已经拥有航时机”的世界才行。

突然，男子站了起来，很自信地跑了出去。当整个宇宙都穿越到未来时，他不就能拥有航时机了吗？通过对“过去”的干预来改变“现在”，从而获得成功。故事的最后，男子与他的朋友相互交换了人生，同他朋友的妻子结了婚，而那个朋友却变成了单身汉。

因为航时机，让男子与朋友互换了人生，这听起来很像上一个《平行宇宙同学会》的故事，男子穿越到了另一个平行宇宙中，之前无法实现的梦想在那里实现了。

很多人应该都有印象吧，藤子·F·不二雄老师在其代表作《哆啦A梦》中，也经常描写一些以航时机为中心的时空旅行故事，实际上他是将自己对“平行宇宙”的独特见解融入作品中。这个故事就是这样，如果“航时机”与“平行宇宙”理论同时成立的话，那么，是不是可以通过航时机来进入蝴蝶效应循环中去呢？作者应该就是带着这样的期待创作这个故事的吧。

这里顺便说一下，蝴蝶效应循环的假设，恰恰从理论上证明了航时机不可能存在。如果真的有航时机的话，那么就可以回到“过去”，将制造航时机的方法教给“过去的人”，这样的话，肯定无论是哪个时代，都应该已经造出航时机了。但我们从未在历史上看到过有关航时机的记录，甚至连传闻都没听说过。因此，它肯定是不存在的。

但是，如果存在平行宇宙的话，说不定就有可能造出航时机了。我们现在之所以还没有造出航时机，是因为另一个宇宙中的人们，还没有将这一技术传到我们这个宇宙中来吧。

制造航时机的捷径，只能是更加深入地了解量子的世界，并找到存在的另一个平行宇宙。

那个笨蛋朝荒野前进

同样选自藤子·F·不二雄短篇作品集中的故事，这个故事的内容与前一个故事刚好相反，这是关于一个已经进入蝴蝶效应循环的人的故事。

故事主人公是一个流浪汉，其实他原本是公司老总的儿子，是与流浪这种生活状态无缘的人。

当除夕夜的钟声响起时，主人公蜷缩着身体等待着“那个时刻”的到来。突然，主人公的身影消失不见了，场景一下子转换成了过去的样子，因为他穿越回到了 27 年前的世界。在过去的世界里，他叫住了一个从家门口跑出来的男子，并与他开始交谈。那个从家门口跑出来的人就是过去的自己，他离家出走的行为，正是自己此前一帆风顺的人生开始走下坡路的转折点。主人公把这些年的经历告诉了过去的自己。但是，对方完全不相信。虽然主人公拼命地劝说，但过去的自己还是不愿意改变离家出走的主意，真是一个年轻气盛的人啊。

结果，主人公依然没能改变“成为流浪汉”的命运。之前我们已经介绍过了，一方面，如果存在平行宇宙的话，我们也许有可能成为另一个不一样的“自己”；但另一方面，就像这个故事一样，无论你回到过去多少次，都无法改变自己今天的人生。这个故事的最后，回到“现在”的主人公心态变得更加积极，他决心重振自己的人生，开辟人生的新局面。

我们的身体以及身边的物体，都是由许许多多的微小颗粒集合在一起构成的。微小颗粒所出现的细微变化，并不能改变整体的命运，我们的命运都是由大量微小颗粒决定的。因此，仅仅一点点的变化并不能改变未来。即使造出了航时机，也可能改变不了命运。所以，现实中发生的事情才非常“稳固”、不可动摇。

所以说，过好“今天”的生活才是最重要的。

四海镜与时间相机

藤子·F·不二雄老师的短篇作品集中，还有一个描述了来自未来的推销员的故事。因为他是从未来穿越过来的，所以他销售的商品，都是用现在难以想象的技术制作而成的。我觉得，藤子·F·不二雄老师真是能很敏锐地捕捉科学的各种可能性。这个推销员所卖的商品中最有意思的，要数四海镜与时间相机了。

由于黑洞吞噬了过去的光，所以，如果我们能将光按正确顺序排列的话，不就能看到宇宙过去的样子了吗？同样，光微粒会在宇宙的各个角落里来回飞行，就像人的视网膜会对光微粒产生反应一样，光微粒也会被其他物质捕捉，然后消失。与此同时，宇宙中也存在着像中微子这样无法被捕捉的微小颗粒。所以，有无数记录了过去宇宙信息的微小颗粒在宇宙空间里飞行着。而四海镜就是这样一种道具，它能收集这些散落的微小颗粒，然后再将其“放映”出来，这样我们就能看见遥远的景色或房间里的样子了。时间相机则能让我们脱离时间的束缚，也就是能让我们看见过去的样子。读到这里，相信很多读者都会很期待拥有这样的道具吧——好像很有可能成真呢。

相机成像的原理，就是通过镜头来收集远处景色所反射的光，然后将其投射到内部小小的底片上——现如今的数码相机，则是将底片换成了感光电子元件，从而拍出照片。目前，人们正在通过改进收集光的方式，来研究制造新型的相机。这种相机可以完全抛弃镜头，它并不通过镜头来收集光微粒，而是被动地去接收所有散落的光微粒。当然，仅靠这些光是不够形成一幅美丽的画面的。但是，它却能显示出碎片化的颜色与部分画面，有时还会混入其他的颜色与影像。这些是从何处而来的光？通过解开这一谜题，能够让我们研发出新的成像技术。我们现有的常识是，如果不能充分收集光线的话，就拍不出一张清晰的照片。但是如果我们解决了上述这一难题，就能实现无须大量光线，也能得到一张清晰照片的技术。医生为了观察患者身体内部的状况，会使用能穿透人体的强辐射 X 射线，或者是利用磁场来振动人体内的电子微粒[1]，然后通过其振动的样子，来掌握人体内部的情况。但是，这样的检查很耗费时间，而且很可能给身体虚弱的患者带来不便。为了缩减检查的时间，就要减少所用微小颗粒的数量。如果我们真的掌握了无须大量光，也能得到清晰影像的技术，那么，就能大大减轻患者接受检查的负担。全世界正不断研究和普及这一技术。

查明是从何处而来的光——这项技术同样能应用于对黑洞的研究中。我们一直希望通过看到被吸进黑洞中的物质所发出的光来观察黑洞。但是，这些都是从遥远宇宙中传来的十分微弱的光，所以我们无法看清楚。就像一个侦探一样，通过追查光的源头，才能得到有关黑洞的影像。到那时，头条新闻肯定是“人类终于成功看见黑洞”！

那是不是也能看见过去的样子呢？

隐藏在光背后的，是了解宇宙过去样子的忍者，我们尝试各种努力去向忍者们了解情况，不就能看见过去的样子了吗？

[1] 核磁共振成像实际振动的是原子核。——编注

航时机真的能造出来吗?

在《哆啦 A 梦》中同样也出现了航时机。你想对过去的自己说些什么？是否想要挽回过去的失败与错误？这种时候要是有航时机就好啦。《哆啦 A 梦》中的航时机，是一个能穿越时间与空间的超强时空隧道。当我们穿越到过去后，很容易使过去发生一些异常情况。所以，通过这种方式回到过去，也是一件非常危险的事。

我们这本书的主角是微小颗粒，所以就让我们从这个视角出发，来对航时机进行一番思考吧。说到航时机，一般会想到的就是能让自己穿越到过去的装置。但也可以反过来理解，如果除了我们自身以外，能让整个世界恢复原状，回到过去的状态，不也相当于实现了一种“时间穿越”吗？打个比方，之前还在右边的皮球，滚动到了左边，但我们可以让它回到原先的状态，即放回右边去。你看，这不就是“时间穿越”吗？当玻璃被打碎时，如果能将其完全恢复原状的话，“被打碎”的事实不就被改变了吗？只要我们能做到这一点，就能将全世界都恢复原样，就能重新“回到过去”。

但是，自然法则是我们最大的障碍。当秩序被破坏后，一切都将崩塌。放任不管的房屋，会逐渐腐朽直至散架。为此，我们可以进行修缮，但是这需要付出劳动。当房屋破损得很严重时，修缮工作就会变得非常困难。想要将零散的东西复原，肯定需要付出大量的劳动。从这个意义上来说，要制造出能将周边一切事物都恢复原样的航时机，真是太难了。

但也并不是完全不可能。在遗迹或化石的考古挖掘现场，人们所做的正是这样的工作。人们通过大量的劳动，将零星散布的陶器或石器碎片，或者恐龙的骨头等，逐一修复，来还原过去的信息。这就是现阶段在人类能力范围之内所能实现的“时间穿越”。如果技术能获得进一步的发展，我们就能看到更早一些时候的样子，得到的信息会更清晰、更准确。就像能看到远方景象的望远镜一样，造出一个能让我们看到过去景象的“魔法镜”。

制造航时机的关键，并不仅仅在于地球上的人。宇宙中那些诞生于过去的、散布在各处的大量微小颗粒才是最重要的。如果我们能捕捉到这些微小颗粒，并弄清楚它们是从何处而来的，这不就相当于实现了“时间穿越”吗？实际上，中微子就记录了遥远星球的爆炸，然后到达了地球，它能告诉我们过去发生的事情。这样一来，关于忍者的出身、寄身于何处等问题，我们都将有所了解。总之，只要我们能弄懂它们所携带的信息，就能看见过去的样子。

梅菲斯特的挽歌

最后要说的这个故事，主人公同样是一个生活不幸的男子。魔鬼梅菲斯特出现在他面前，表示可以实现他的一个愿望，但作为交换条件要收走他的灵魂。问题就在于男子交出灵魂的时机——必须是他死亡的时候，但是故事的主人公是一个很机灵的家伙，他执意要在与魔鬼的契约中，详细地约定什么时候才算真正死亡。按照男子提出的条件，必须等到确定自己的每一个细胞都死亡了才行。这个故事有意思的地方就在于，主人公后来去眼角膜捐献库登记，这样即使在他生病死后，眼角膜也会被移植到其他人的身上，他的细胞就会在别人的眼睛里不断分裂，不断增加。因此，按照契约中的条件就无法确定他到底何时才能算是真正死亡。最终，魔鬼不得不选择了放弃。

那么，关于人的死亡，到底什么时候才算是死了呢?

这是一个终极问题。从医学上来说，当人心跳和呼吸停止一定的时间就能被认为是临床死亡了，但是，构成人体的细胞在这之后仍然保持一定活性。

最近，有关人类衰老的研究取得了进展。人们将人类衰老认为是细胞分裂的过程中，出现了复制错误的情况，并且，失败时所产生的变异细胞以及细胞残骸会逐渐堆积如山，这就表现为衰老的现象。实际上，细胞复制错误的情况会在各个时段和身体的各个位置发生，只不过我们在年轻时容易忽视，而其不断积累之后，就会引起我们无法忽视的症状。如果我们能够将因复制错误而产生的变异细胞及细胞残骸都丢弃的话，不就能永葆年轻了吗?

现在，我们已经能够做到将自己的细胞移植到他人的身体里，并且让其在异体中一直存活下去。虽然有时会发生排斥反应等问题，但是临床医学界与学术界正在研究如何克服这些问题。

此外，随着再生医学的快速发展，我们已能逐步实现从本体的细胞中培育出新个体的技术。现在，可以利用此项技术对受伤的部位进行再生培育，将来也许就能真正培育出一个“全新的自己”。我们在前一章中说过，无法做出一个与自己完全一样的复制品。但在这种情况下，并不能看作是对自身的一种复制，更像是又“长出”了一个自己。所以，这并不违背量子世界的规则。

第四章

面向未来的挑战

摩尔定律已接近极限

通过之前的章节，我们已经知道微小颗粒就近在我们身边，而且它表现出的不同运动方式与我们的生活息息相关。我们还知道它拥有难以理解的性质，如能同时从两条狭缝中通过、能穿透墙壁等。

电子微粒也是这些微小颗粒中的一员，电子产品之所以能正常工作都离不开它。电子微粒能够根据信号的变化，时而运动，时而暂停。这样一来，通过发送信号，就能调整电子微粒运动的时机，从而让复杂的电路进行运转，最终实现控制机械的目的。当电子微粒流动时，能产生吸引金属物体的磁场，人们利用这一特性，制造出了电磁铁，从而获得了吸引并移动物体的能力。所以，电子微粒还真是一个“劳动模范”呢。

为了了解电子微粒运动的进程，人们发明出了能够记录电子微粒中途动作的元器件。一般就是事先存储一些电子微粒，然后通过其数量的变化，来记录该环节的处理是已经完成了还是尚未完成。除此之外，运算过程中的一些数字，也能与电子微粒的数量相对应，以便对其进行记录。

为了存储这些电子微粒，需要事先准备一个“池子”。虽然“池子”中的电子微粒偶尔可能溢出来，导致记录不准确，但是仍然要不断地往里面注入电子微粒，这样才能保存记录的结果。人们将这个“池子”做得尽可能小，以图能在有限的空间中，记录更多的运算结果，而且也能减少电子微粒的存储量。科学家和工程师的一大目标，就是在机械中做出尽可能小的“池子”来。

此外，要想利用电子微粒，就必须修建可供其运动的“道路”。如果这个“道路”很宽的话，当然就能让大量的电子微粒通过，但是，这会导致机械中没有足够的空间来放置其他的部件。只有尽量将“道路”做得细窄一些，才能给其他部件的摆放带来便利。我们知道，要想让电路实现复杂的运转，需要各种功能的部件之间相互配合，所以这就要求人们在设计电路时，做到尽量集成和紧凑。

英特尔公司创始人之一的戈登·摩尔曾说过，半导体的性能将随着其体积的小型化而无限提升，这就是著名的摩尔定律[1]。

我们日常生活中所使用的电子产品，如电脑、手机等，几乎都遵循这一定律。人们之所以能将这些电子设备做得越来越小，背后依靠的都是科学家们坚持不懈开发出的先进技术。但是不要忘了，电子微粒也属于微小颗粒，所以在量子世界里发生的事情，同样会出现在它的身上。

比如说，有两条并排的可供电子微粒通行的“道路”。开始时，这两条道上的电子微粒都能各行其道，但是当路面越变越狭窄，两条道的间隔越来越小时，负责探索一切可能性的忍者，就有可能使某条道路上的电子微粒，穿越到另一条道路上。还有，某个“池子”中的电子微粒有可能利用穿墙术，直接进入到旁边的“池子”中。为了制造出更加微小的元件，我们必须使用能进行细微作业的镊子，但是其也将因遵循量子世界的规律而振动不停，可想而知，我们可能无法利用它做出预期的正确动作。这也是生物拥有庞大身躯的原因之一。

[1] 摩尔定律完整的表述是：当价格不变时，集成电路上可容纳的元器件的数量，每隔 18 ~ 24 个月便会增加一倍，而性能也将提升一倍。——译注

目前，电路集成化的水平已经达到了微小颗粒的级别，因此，以计算机为代表的复杂电子产品，发展趋势可能将不再遵循摩尔定律。换句话说，摩尔定律正在接近极限，未来要制造出比现在更先进的电子产品，将会变得更加困难。

电子产品到底是如何工作的?

人们通过巧妙地利用微小颗粒的性质，制造出了今天的电子产品。其中之一，就是让计算机进行正常运算所必需的晶体管。计算机发送不同指令，主要是通过控制电子微粒数量的多少来实现的。简单来说，就是通过电子微粒的数量变化来区分不同的数据，从而用黑白的颜色变化来显示出图像，或者用不同的音调演奏出音乐。电子微粒的数量变化值越精确，就能表现出越复杂的结果。承担传送指令任务的，就是晶体管。

不管是增加还是减少电子微粒的数量，我们都需要使用到电力。用电就要涉及支付电费，还有面对机器发热等危险。所以，我们必须研发出一项技术，能实现在不使用电力的前提下，同样可以操控电子微粒。因此，半导体应运而生。

首先要说说什么是导体。正如它的名字那样，导体指能够导电的物体。也就是说，电子微粒在其中能非常容易地流动。例如，金属就是一种导体，它能很快地让电子微粒开始流动。这是因为金属内部本身就存在大量的电子微粒，特别是其中一部分还能自由运动。反之，那些很难导电的物体，就被称为绝缘体。因为，其内部并没有能自由运动的电子微粒，所以，电子微粒在其内部就会处于寸步难行的状态。而介于二者之间的，就是半导体。它并不会很简单地就让电子微粒通过，所以在电子微粒的流动方式上，半导体与导体还是存在差异的。半导体技术的不断发展，实现了电子产品的快速进化与小型化。

最有名的一种半导体材料就是硅。今天，计算机中几乎所有的部件都会用到硅。实际上，硅本身的特点是很难让电子微粒在其内部流动的，因为它拥有能牢牢阻挡住电子微粒的内部结构。正是这种能抱紧电子微粒不让其离开的特性，可以让我们实现对电子微粒的自由操控，所以硅才能运用到重要的机械上。

请回忆一下，我们之前说过：当被施予热量，温度开始上升后，微小颗粒的运动就会变得活跃。所以，当我们对硅加热时，其中的电子微粒就会开始活跃起来。硅不同于一般物质的地方就是，当它温度上升时，就能让电子微粒从中通过。金属由于自身带有能自由运动的电子微粒，所以原本就很容易导电。但是，当温度升高以后，金属内部除电子微粒之外的其他微粒也开始变得很活跃，这反而会给电子微粒的通过造成障碍。也就是说，金属在温度升高后，会变得难以导电。然而，硅随着温度的上升，其内部运动的电子微粒数量会越来越多，能够让电子微粒快速地通过。所以，硅拥有与金属完全相反的导电性。

另外，当光微粒撞击半导体时，会将电子微粒撞飞出去，而我们则可以对它加以利用。通过这一特性，我们就能实现对光的感知，做出感光器。当天色变暗时，路灯和车大灯会自动亮起，这就是感光器的实际用途。

利用这一特性，还能将半导体当作绘画的工具。当接收到光微粒后，电子微粒会从半导体内飞出，而光微粒则会被电子微粒吸收从而消失，光微粒的能量就会转化为电子微粒飞出的能量。电子微粒飞出时，能量会有微小的损失，因此，要想让电子微粒离开自己的“故乡”，就需要向其支付一定的“好处费”。如果半导体接收到的光微粒，是那种不愿意支付“好处费”的家伙，电子微粒就会因为没有收到

“见面礼”而拒绝飞出去。光微粒在这场“出走大戏”中就起不到任何作用，只能被反弹后继续飞向别处。光的颜色与光的能量有关，因此，半导体的性质就决定了哪种颜色的光会被吸收，而哪种颜色的光则会被反弹。半导体只会将特定颜色的光反弹开，因此其会呈现出特定的颜色。所以我们说，可以将半导体作为绘画的一种工具。

在中微子的发现过程中也用到了硅。中微子会在水中运动，并将其中的电子微粒猛烈地撞飞，这就会产生光冲击波。为了检测到这一冲击波，我们需要使用感光器。但是检测时，为了做到连极为微弱的光也不遗漏，我们需要准备一种在接收到被光微粒撞出的电子微粒后，能引发大量电子微粒“雪崩”的特殊装置，这就是光电倍增管（PMT）。为了观测到中微子，在超级神冈探测器[1]中就放入了大量的纯水与大量的光电倍增管，以此捕捉中微子的来源。

[1] 超级神冈探测器：日本建造的大型中微子探测器。最初目标是探测质子衰变，也能够探测太阳、地球大气和超新星爆发产生的中微子。它位于日本岐阜县的一个深达1000米的废弃矿井中，主体部分是一个高41.4米、直径39.3米的圆柱形容器，盛有5万吨高纯度的水，容器的内壁上安装有11129个光电倍增管，外壁上安装了1885个光电倍增管。——译注

太阳能电池源自光与电子的交会

作为半导体的硅，可谓是电子微粒与光微粒这两个看不见的微小颗粒活跃的“舞台”。人们想出了各种有趣的用法，并不断进行改良。例如，将硅与亲电子物质以及不亲电子物质相混合，当硅与亲电子物质相混合时，在接触面上将会发生电子微粒的交换，亲电子物质会吸引硅内部出来的电子微粒，从而变成与硅一样的导电状态。

当混合物中的硅受到光微粒的撞击后，其内部的电子微粒会飞出。此时，亲电子物质对电子微粒的诱导效应开始发挥作用。虽然我们称其为亲电子物质，但实际上指的是在大量电子微粒开始运动之后表现出的积极的诱导效应[1]，所以才说是亲电子物质。也就是说，被光微粒撞出的电子微粒，将朝着该物质的方向运动。这样一来，电子微粒就开始移动了。当光微粒持续不断地撞击时，电子微粒也将会源源不断地飞出，这就是太阳能电池的原理。电子微粒的活动代表了有光微粒到达，所以，我们可以通过对电子微粒的研究，来弄清楚光微粒所具有的能量大小。此外，光的能量与其颜色是相对应的，所以我们还能知道射来的是何种颜色的光。也许，我们可以利用这种方式来记录影像呢——经过进一步的研究，现如今这项技术已用于制造数码相机。

对于将亲电子物质与不亲电子物质混合后做出的半导体，我们可以尝试对其进行通电。当电子微粒从外部进入到亲电子物质中时，电子微粒是可以流动的。因为在接触面附近，电子微粒都是相对“顺从听话”的，所以外部进来的电子微粒可以保持移动的状态，直到流动至不亲电子物质的一侧。电子微粒会在那里找到落脚点，所以就一直在那儿住下不动了，而自身余下的能量，则会以光微粒的形式释放出来。这个过程与“吸收光微粒，飞出电子微粒”正好相反，这一次是电子微粒停下了，飞出了光微粒。这种靠电子微粒

[1] 此处的诱导效应也可理解为是“亲电性”。——译注

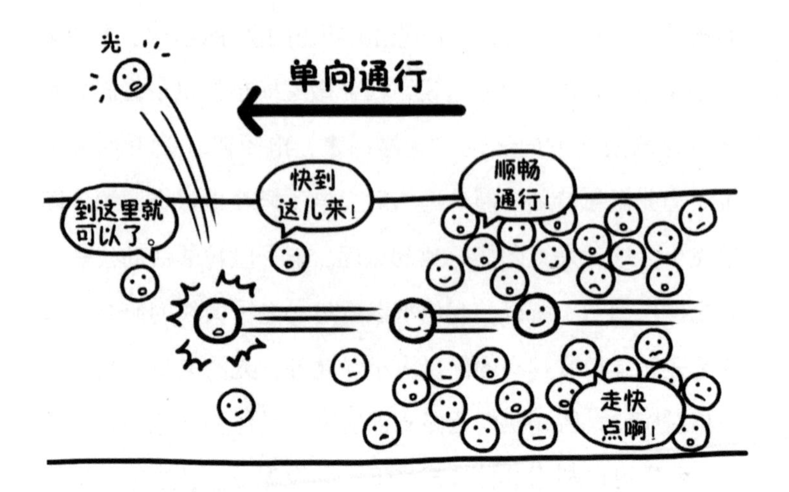

的流动放出光微粒的方式，可以用来制作发光的装置，这就是发光二极管（LED）。通过不同的制造工艺，可以使光微粒固定显示出不同的颜色，这就可以用来制造液晶电视机的面板。此外，还可以将放出的光微粒统一集中到某一个方向上，这就是半导体激光，可用于制造激光笔等廉价的小型激光器。

那如果反方向输送电子微粒的话，又会怎样呢？由于电子微粒一下子就到达了不亲电子的一侧，所以运动能量将会大大减少，最终停在那里动弹不得。也就是说，反方向时电子微粒是不会流动的，电子微粒运动的方向被限制为单一方向。虽然在金属等导体中，电子微粒可以在任意方向上流动，但是在半导体中，电子微粒只能朝着某一个方向流动。

我们所使用的电子产品都利用了这一特性。由此可见，量子世界与我们多么贴近啊。

计算机的原理是鬼脚图游戏

现在，普通的计算机中所使用的晶体管都是金属—氧化物半导体场效应晶体管（MOSFET），其原理是将混合了不亲电子物质的杂质半导体作为“地基”，铺上由亲电子物质做成的“铁轨”，然后让电子微粒在这些“铁轨”之间相互交换。当我们什么也不做时，电子微粒会被不亲电子物质所束缚而无法进行交换运动。但是，我们可以在“地基”之上向电子微粒发出集合命令。这样的话，就能勉勉强强地将电子微粒从不亲电子物质中召集上来，这些电子微粒将集中到“地基”的上层。当大量的电子微粒聚集在“铁轨”部分时，就会像在金属中一样，可以

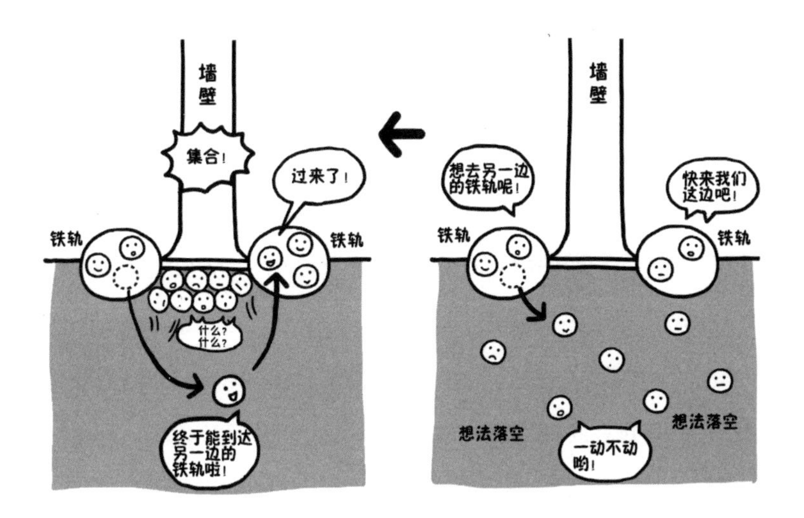

进行自由的移动。于是，电子微粒在“铁轨”之间的交换会变得更容易。仅靠一个集合命令就能让电子微粒流动起来，这相当于做出了一个很简单的“开关”，利用这一“开关”，就可以自由地控制电子微粒了。

之前说过，电子微粒相互之间的关系很糟糕。实际上，它们会互相排斥，而不愿意相互贴近。

不过，当电子微粒的数量减少时，就会产生空隙，电子微粒为了抢占位置，就会争先恐后地开始移动。竞争开始后，电子微粒就会聚集到这一空隙里。这种主动填补空隙的“习性”，可以被我们用来作为控制电子微粒的集合命令。

反过来，当电子微粒不断增加后，相互之间就想要避开对方，这就可以用来作为解散命令。

电子微粒的这种“习性”，会对相距较远的其他电子微粒产生影响，即使隔着一道“墙壁”也仍然能进行传递。我们事先在“地基”的上层设置了一道电子微粒无法通过的“墙壁”，然后在“墙壁”一侧发出集合命令。当命令范围内的电子微粒数量减少时，电子微粒就会向周边发出“数量不足啦”的信息。虽然“墙壁”另一侧的电子微粒听到了“号召”，但是由于“墙壁”的存在而无法到达另一侧，所以它们会聚集到“墙壁”的周围，而在“地基”中已经事先收集了很多的电子微粒。

所以，要想让“铁轨”之间的电子微粒顺利地进行交换，离不开“地基”里的那些电子微粒。

由于“墙壁”的另一侧发出了集合命令，“地基”中的电子微粒也开始聚集到“铁轨”之间的位置，因此就能实现电子微粒的交换运动了。这就像是电子微粒们响应号召，搭建起了一条连接的通道。通过电子微粒的各种移动状态，可以实现通道的开与关，从而搭建出可通行的“道路”，或者禁止通过的“提示”。可以想象，沿着这些通道就能走出迷宫。当我们在玩鬼脚图[1]游戏时，中间的“横线”一变，结果也就跟着变了。换作计算机的角度，“横线”的改变就意味着需要运算的问题发生了改变，而运算得出的结果，就相当于最终会到达的“签”。我们提前准备好各种“签”，然后每个参与者选择一个起点开始走。当然，这样会很费时间，但如果换成是电子微粒的话，由于速度极快，可以一下子就走到结果处。这就是计算机运算的原理。

一提起计算机，我们就会觉得它是一种能进行复杂运算的设备，但其实并不是，它主要是通过电子微粒的“通”与“不通”这两种状态的反复组合来进行复杂运算的。通过大

[1] 鬼脚图：又称画鬼脚，是日本的一种游戏，常被作为决定分组的一种方式。——译注

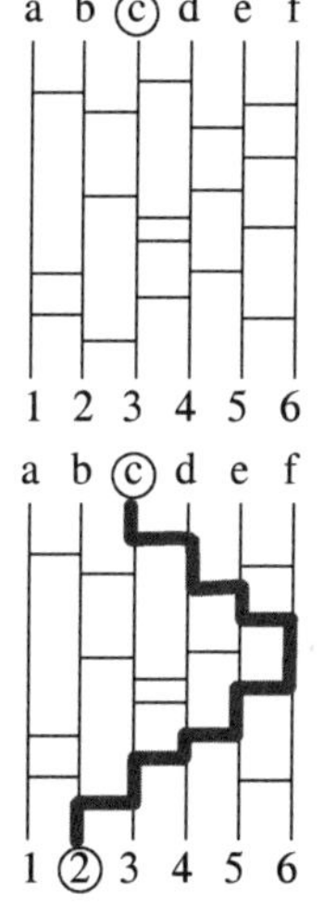

量的运算，来逐一尝试这两种不同的可能性。

这是不是听起来很耳熟？是的，双缝实验！就像光微粒面前的左右两条狭缝，就是所谓的两种不同可能性。

再做一次双缝实验

我们已经说过，电子微粒的“通”与“不通”，分别代表了开关的“开”与“关”，而计算机的运算过程就像是在玩鬼脚图游戏。这与双缝实验中光微粒从哪一侧通过非常类似。

电子微粒是一种微小颗粒，它也是量子世界里的“居民”，所以同样可以进行双缝实验。它可能并不会仅从一条狭缝中通过，而是具备同时从两条狭缝中通过的可能性，这就可以看作是一种全新的通过方式。那么，在进行运算时，是不是也能同时通过这两条狭缝呢？

迄今为止，计算机都是通过微小颗粒的移动来进行运算与记录的。但是，很难说我们已经利用了微小颗粒真正的能力。因为，它能同时实现两种不同的可能性。

假设电子微粒能够同时通过两条狭缝，这不就意味着能有更强大的运算性能吗？当面对两条狭缝时，如果每次只能投掷一个微小颗粒的话，那我们就不得不投掷两次，才能知道分别能得到什么样的结果。但是，如果能同时实现两种可能性的话，那只需要一次就能知道结果，这样就大大简化了运算的复杂程度。基于这种思路，人们提出了全新的量子计算机设想。

而我们现有的计算机，并不是说就完全落伍了，因为还有所谓的并行算法，这是能同时进行两个相似运算的一种算法。就好像面对两条狭缝，一台计算机运算从这一边通过的情况，而另一台计算机则运算从另一边通过的情况。有些人可能会对量子计算机提出批判性的看法：只要增加计算机的数量，不就用不着量子计算机了吗？如果仅靠现有的技术，就能实现运算性能的飞跃式提升，那还有必要研发量子计算机吗？这些看法有一定的道理，但是，如果增加计算机的数量，那就要消耗大量电子微粒，这意味着需要大量的电力。如此巨大的电力消耗，真的好吗？

量子计算机还具有另一大优势，在双缝实验中我们知道光微粒会同时具有两种不同的可能性。那么，最后的结果是什么样的呢？是简单地将从左右两条狭缝通过的各自结果相加吗？

不，最后我们得到的是一个条纹形状。

所以我们知道，微小颗粒的不同可能性相互叠加后，会表现出完全违背常识的行为。而之前提到的并行算法，只是简单地进行重复运算而已，但量子计算机却有可能带来全新的算法、全新的运算结果。我想各位读者都知道，这背后就是忍者在探索一切的可能性。最大限度地利用量子的这种力量，也许就能改变我们的世界。

能操纵“条纹”的量子计算机

现在的计算机，可以理解成是利用电子开关的“通”与“不通”，来引导电子微粒进行鬼脚图的运算。但是，在量子的世界里，却可以同时具备两种不同的可能性。靠电子开关的情况，只能每次得出一个结果，如果能同时尝试两种不同的选择，就能更有效率地运算出结果。不过，这个运算可能会出现奇怪的结果，所以操纵起来还是有一定难度的。

我们会得到什么样的运算结果呢？如何才能操纵忍者？如何对得出的结果进行解释呢？这将是一种全新的思维方式，即使是专家也需要时间来慢慢适应。虽然这种思维训练要花点时间，但最近还是找出了一些可行的运算方法。通过我们的一些努力，还是能真正做到同时思考多种可能性的，甚至可以对条纹形状做出调整，从而实现仅在某一个位置发光。也就是说，能通过“调整”来获得我们想要的结果。

可以运用量子的力量来进行复杂的运算，这便是量子计算机。举一个简单的应用例子——搜索。在我们的世界中，你在图书馆需要通过看书脊上的信息，来查找你想读的或符合某个条件的图书。如果不巧，搜索的起始位置有误的话，你可能需要从图书馆的这头一直浏览到另一头，才能最终找到你需要的书。这种搜索方法的难点，就在于必须将几乎所有的信息都看一遍，才能找到真正完美的答案。但是，如果借助量子的力量，就能更快地找到答案哦。可以把各种图书（信息）想象成是一条条狭缝，而电子微粒则可以像光微粒那样，同时通过所有的狭缝。到时，在狭缝的制作方式上再下点功夫，还可以让条纹逐渐指向我们所需的那本书上。这个“逐渐”的过程，虽然还是需要花一点时间，但是与“把全部的图书都找一遍”相比已经是很快了。这种搜索与探索运算，是量子计算机最擅长的工作。当然，这全靠背后隐藏的那些忍者。

还有一个著名的应用例子，就是进行分解质因数，也就是看看一个数字能不能被除了 1 和它本身之外的正整数整除。当发现除到最后没有余数，我们就完成了这个数的质因数分解，那这个数字就是我们所需要的了。当数字变得很大时，运算就变得很难了。但是，寻找这一数字的工作，同样也是量子计算机所擅长的领域，它能够以压倒性的速度，超过现有的计算机，这很有意思。借助量子的力量，它能以迄今为止最快的速度完成同等的运算量。这样的能力，说不定还能用在其他领域呢。研究者们目前仍在摸索着新的计算方法，这些都是借助忍者的力量才能做到的。

如何操纵量子世界的“居民”？

要想让光微粒或电子微粒同时从两条狭缝中通过，我们需要对狭缝的开合以及各种变化进行非常细致的操作。另外，由于忍者在背后暗中活动，所以还要注意维护这些微粒在运动途中的“隐蔽性”，因为忍者稍微被“看”到一眼，它的忍术就会失去效果，导致实验失败。我们已经知道，在微观世界中，要精确地进行相关操作是非常难的，一旦受到其他微小颗粒的影响就会前功尽弃。所以，要对光微粒或者电子微粒进行逐个操控，费了好一番功夫还不见得能顺利实现。

因此，现在人们主要关注的是，在电子微粒之间加入“调解员”，使其一一配对，即利用超导技术来操纵微小颗粒进行集体活动，就像介绍通行圈时所说的那样，让微小颗粒在某种程度上聚集在一起，这样就能对其进行统一操纵。这样做的好处在于，不但实现起来比较容易，而且即使受到周围电子微粒的一些影响，也能继续保持这种状态。这就是“集体活动”的强大之处。

实际上，各国现在都在积极研究如何利用超导技术来制造量子计算机，知名的企业也都参与了进来，大家都在争先恐后地研究，以期能早日实现。

除了超导技术外，人们也尝试了很多自由操纵量子的方法。但是，面对来自周围微粒的影响这一问题，只能是让光微粒或电子微粒聚集成某种程度的“块”才行。所以，还是需要利用“集体活动”的优势来解决这一问题。

在利用微小颗粒的运算中，明明希望在此处让开关“打开”，但是偶尔也会发生错误的状况。所以，为了修正这种错误，我们需要让多个微小颗粒同时进行相同的操作，最终的结果则以“少数服从多数”为准。因为大家是同时在进行运算，所以即使有一些错误出现，仍有备份可用。这种修正错误的技术，被称为“量子纠错技术”。虽然这样会稍显烦琐，但依靠这种纠错技术，能保护忍者们直至运算结束都不会受周围微粒的影响。随着这一技术的不断进步，微小颗粒保持“集体行动”的时间能不断延长，这是实现量子计算机最重要的因素。将超导技术与量子纠错技术相结合，尝试制造出最“坚强”的微小颗粒集团，就能逐步营造出能自由操纵量子世界“居民”的理想环境。

有点儿不同的计算方法——量子退火算法

虽然量子计算机目前仅在搜索信息和分解质因数等方面拥有压倒性的运算速度，但人们对它的兴趣与关注度仍在不断提高，开发的进度也在加速。除了“利用同时具备多种可能性来进行运算”的量子计算机外，最近也出现了一种与此前计算机不同的新算法，而这当中也有量子在其背后活跃着。

这就是量子退火算法。

计算机给我们带来极大的便利，无论提出什么要求，它都能一一应对。但实际上，计算机之所以能满足我们的需求，是因为有程序员事先编好了“针对某一需求，该怎么操作”的程序命令。因此，计算机才知道该如何运算，可如果遇到的是一个所有人都未知的问题，那计算机也不知道该如何是好了。

而使用量子退火算法的计算机，能够解决这种问题，也就是我们常说的计算出最优解的问题。例如，从某个起点开始，向每家每户配送货物，要求以最高的效率送完所有货物。这当中就会涉及将配送时间缩到最短、汽油的使用量减到最少，否则就无法做到所谓的最高效率。所以，为了计算出配送路线，就必须解决这样的最优解问题。除此之外，还比如像航班排队起飞时的安排，要做到尽可能地缩小前后飞机之间的相隔距离，这样才能增加单位时间内的起飞数量。还有，每架飞机装载多重的货物，如何尽可能多地装货，也属于最优解问题的范畴。

简单地说，就像在玩拼图游戏一样，虽然有很多的限制条件，但放入的那一块，必须得满足所有条件才行。如果我们尝试放入一块，结果导致其他的拼图放不进去了，这就意味着这块的选择是错误的，那就再换另一块试试……就是要不断地试错，直至最后找到完全正确的那块。解决最优解问题差不多就是这种难度。

而使用量子退火算法就能做到，让微小颗粒自动去完成所有拼图。而且，不同于传统的计算机，这种算法不需要事先编写程序命令，即使不知道解题方法也能完成，这就是量子退火算法的强大之处。

量子退火算法很难吗?

今天的晚饭吃什么呢?从营养的角度来说,得有蔬菜,还得有肉。另外,冰箱里还有昨天的剩菜,要在满足营养的同时,尽可能控制购买食材的费用,那么,如何才能用最少的钱买到最适量的食材呢?量子退火算法能帮助我们迅速解决这一问题。你是不是很想现在就买一台这种计算机回家呢?

其实,能进行量子退火算法的计算机已经被造出来了。加拿大的一家公司利用超导技术,制造并销售了一种基于量子退火算法原理的计算机。虽然有不同型号,但至少都是几千万元的价位。要想运用到日常生活中,可能尚需时日。也许未来在智能手机上就能运行量子退火算法，来为我们提供解决问题的方案。所以，并不是每个人都需要买一台量子计算机。

人们通过各种不同的方法来操纵微小颗粒，以实现与之前完全不同的计算方式。一个崭新的时代即将到来。

面对这一了不起的算法，你觉得应该是很难弄懂的吧，但实际上，出人意料地简单哦。

要想让传统计算机进行某种运算，需要先由人向机器发出相关的指令。机器自己是无法进行运算的，只能听命于具体的程序命令，这种情况就像是在用红白旗发指令。简单点说，不同旗子的举起，就相当于是计算机中通路的开合。复杂的运算，就需要在多个电路中，不断地举起不同旗子来给出指示。但是，解决最优解问题就像玩猜谜游戏一样，如果人们不告诉传统的计算机解谜方法，那它就什么也做不了，也就是说，必须事先知道解题的方法。这就是传统计算机最大的弱点。

而用量子退火算法来进行计算的话，就不需要人们思考具体的解题方法了，只需要给出一个指示，告诉计算机要解决什么问题就可以了。就像“请解出这个谜题”这种问题，你只需要告诉计算机这是个什么样的问题，而剩下的就全交给计算机了，哪怕不知道解题的方法也没事。而且，整个计算的过程并不需要耗电，所以就不需要送入电子微粒，这将能省下好大一笔电费。

那么，我们究竟是怎样教会计算机解题的呢？还是回到配送货物的例子上。这是一个计算配送路径的问题，也就是决定走哪条路，不走哪条路。此时，如果某条路可以走的话，那么，接下来又可能遇到后续道路的选择问题。例如，选择走某条路后，往下走又遇到了四条岔路，如果从这四条路中选择一条，就意味着剩下的三条路未被选择。这就是一个“四选一”的解题规则。如果用“举起旗子”来描述的话，那就是到达某个目的地，中途最多只能有两个人举旗，然后从举旗道路的合计距离中找出最短的路径。这一规则也可以理解成，当旗子举起时，配送路径的距离有多长。我们主要就是将这一数值输入使用量子退火算法的计算机。

像这样，将最优解问题的解题规则教给计算机后，剩下的就不用管了。量子退火算法的威力就是如此强大，仅靠这一个条件就能解开谜题。与普通的计算机相比，量子计算机虽然还有一些不足之处，却能克服“需要人发出指示”这一最大的弱点。

让微小颗粒去解谜

量子退火算法中，要由微小颗粒来负责举旗的工作。加拿大一家公司所制造的运行量子退火算法的机器，就是利用了超导技术来操纵微小颗粒的集团进行举旗。将超导状态下的电子微粒困在一个圆环中，使它只能来回转动。在计算配送路径这个问题时，实际上是用电子微粒的旋转方向来代替举旗动作，假如顺时针旋转的话，就表示可以通过这条路，而逆时针旋转就表示不可以通过这条路。超导状态下困住电子微粒的圆环，相互之间又能缠绕成一个线圈，这样的话，就能知道其他的圆环是朝哪个方向前进的。在计算配送路径问题中，将遵循“通过某条道路后，只能再选择一条道路”

的解题规则。

量子退火算法为了从各种排列组合中找出正确的答案，在开始时并不会给这些线圈限定问题的规则，但之后的运算过程中，会逐步调整这些线圈的设定，使其遵循问题的规则。相反，如果一开始就限定了规则，就无法顺利解出谜题了。

那么，量子退火算法在解谜题时，是从何起步的呢？这种算法主要是最大限度利用了量子的性质——同时具有多种可能性。

量子计算机的原理，是利用了“多种可能性叠加在一起构成条纹形状”的新算法，而量子退火算法则是利用了同时具备多种可能性的性质。这就像是在双缝实验中，同时利用了从左侧狭缝和从右侧狭缝中通过的光。我们都知道，如果让光投射到幕布上，就会形成条纹的形状。但如果我们不使用幕布，而是一直保持光通过的状态，这就是所谓的“利用同时具备多种可能性的光”。前面提到的加拿大制造的量子退火算法机器，就是向处于超导状态下的电子微粒发送了某个特别指令，使它同时保持顺时针旋转与逆时针旋转这两种状态。也就是说，将多种可能性相组合，这样对于解开谜题的答案便有了各种假设的可能性。这之后，再逐步地加入问题的规则，由忍者在探索一切可能性中分辨：这个答案可行吗？那个答案呢？

正是人们大胆引入了量子的性质，才提出了量子退火算法的设想，而之后又有人将这一设想付诸实践。所以，才造出了世界上首台运用量子力量解谜的计算机。

人们将操纵超导状态下微小颗粒集团的技术与量子退火算法构想相结合，便揭开了崭新时代的序幕。活跃于这个时代的，就是以光微粒和电子微粒为代表的微小颗粒。他们并非普通的颗粒，而是在忍者指引下的奇特颗粒。

动脑筋也是自然的安排

让我们继续探讨关于计算机的话题。计算机内部有微小颗粒，特别是活跃着的电子微粒。当我们听到“计算机”这个名字时，都会觉得这是一种非自然的人造装置，那么，它应该有什么“反自然”的地方吧。但是，其实计算机本身也是由微小颗粒构成的，所以它不可能违抗大自然的安排。你相信吗，就连计算机最擅长处理的信息背后也有大自然的安排。

我们可以用温度的高低来表示微小颗粒的活跃程度。温度高时，微小颗粒的运动就会很活跃，运动的速度也会加快。反之，当温度低时，微小颗粒就变得不再活跃，“蜷缩”

起来。当我们将温度高的微小颗粒集团与温度低的微小颗粒集团混到一起时，其中既有活跃的微粒，也有不活跃的微粒，整体的活跃度将会有所降低。这就像我们日常生活中的经验，将温度高的水与温度低的水混合后，水温将会变成二者之间的平均温度。

我们可以利用两个房间来做同样的事情。将其中一个房间的暖气打开，房间会变得暖和。将另一个房间的冷气打开，房间会变得凉爽。然后，我们打通房间之间的墙壁，两个房间的温度将会变得统一，也就是二者的平均温度。

换句话说，我们将温度较高的微粒归纳整理到一个房间中，而将温度较低的微粒归纳整理到另一个房间中。但是，当我们打通房间之间的墙壁后，温度高的微粒就会与温度低的微粒相混合，之前好不容易整理好的状态，就会变得乱七八糟。这是我们都曾经历过的自然规律，也是无法违抗的自然“安排”。我们在介绍航时机时曾提到过这一点。归纳整理好的事物，会被大自然弄得混乱零散。想要不这么混乱，就只能靠自己去进行整理，而这多多少少需要付出一定的劳动。

我们了解了大自然的安排，也知道了想要抵抗这种安排就要付出劳动，让我们再来思考先前对微小颗粒的整理工作。面对混杂在一起的各种颗粒，如何才能让温度很高、运动很快的微粒集中到一个房间里，而温度很低、运动缓慢的微粒集中到另一个房间里呢？基本上，由于微粒自己会运动，因此我们无须过多干涉，能做的就是在门边控制门的开合。假如你能够分辨微小颗粒的运动速度，就可以通过控制门的开合，来让速度快的微粒进入一个房间，而速度慢的微粒进入另一个房间。这样的话，即使不用空调，我们也能制造出温暖的房间和寒冷的房间了，那可真是一项划时代的发明创造啊！因为今天我们使用暖气和冷气，都需要消耗巨大的能量，而这种简单技术能实现的话，一定会大受欢迎。

不过，也许有人会提出疑问，真能实现的话，岂不是意味着不需要费一番周折，就能违抗自然的安排，把这些微小颗粒整理好，这不是太奇怪了吗？不，不，让我们再来冷静思考一下，我们是如何进行整理的吧。

当我们能看见微粒的样子时，为了弄清楚这个是快的、那个是慢的，我们必须进行相应的记录。否则，即使能看见微粒的样子，也没法正确地打开和关闭房门。那么，到底是谁在进行整理呢？

其实仔细想一想就知道，我们是在头脑中对微粒的信息进行整理的。这种感觉与搬家时的情形很类似，搬家公司的人将包裹搬来，你扫一眼就指示他们该放到哪一边。因为，大脑会判断该如何处理这件包裹，该如何安置那件包裹。

要在头脑中对信息进行整理，就需要进行记忆。就像计算机和电子产品中都有记忆装置一样，我们的大脑中也有负责记忆的部分，而且利用的就是电子微粒的运动。我们把很多微粒的样子记录下来，然后将它们进行比较，在这些过程中都需要电子微粒的运动。就像搬家时虽然不用亲自费力去搬运，但我们还是要动脑筋思考，这时就需要电子微粒的运动了。包括人的大脑在内，当你想要进行整理工作时，就必须费一番周折。由此可见，自然的安排不可违抗。

头脑中的信息整理工作，必须遵循自然规律，也许这会让你很惊讶吧，但我们要注意到这个事实所蕴含的重要信息。人大脑中的活动，也是由微小颗粒构成的，与我们眼前的桌子或书本都是同样的。你应该已经开始注意到了吧，量子效应在这个世界处处发挥着作用。

眼前发生的事情，竟与我们自身有着千丝万缕的联系，因为大家都遵循着统一的自然法则。

生物不停进食的理由

好不容易整理好的东西，最后还是会变得混乱零散，这就是自然的安排，也可以说是秩序的崩坏。大家整齐地排列在一起就是秩序，而混乱零散的状态则意味着失去了秩序。在这一前提下，当我们面对各种场景时，就更能意识到自然的这种安排。

最具代表性的例子，就是衰老现象。细胞通过不断地分裂，让我们能够保持自己身体中的秩序。但是前面说过，细胞分裂时也会出现复制错误的情况，这样就会在我们的体内堆积“废弃物”。慢慢地，我们身体就会从井然有序的状态，变成全是因复制错误而产生的一堆无用的东西。有没有什么方法能对抗这一自然规律呢？

一种方法是比较辛苦的。就像之前的例子一样，要费一番周折去进行整理。找到细胞分裂过程中出现的复制错误，然后精确地对其进行修正。显而易见，这将是一件非常辛苦的工作。

另一种方法则需要用到人体外的物质。实际上，这与之前的房间实验是十分近似的。一个房间里是温度高的微小颗粒在做激烈运动，而另一个房间里则是温度低的微小颗粒保持相对的稳定。我们可以发现，温度较高的一方，看起来像是缺少整理而呈现没有秩序的状态，而温度较低的一方，则具有一定的秩序。我们可以举一个更加极端的例子：一个房间里全是冰，而另一个房间里全是水。冰的内部，微小颗粒都整齐地排列着，非常有秩序；而另一边的水，由于微小颗粒表现出流动性，这可以说是没有秩序的状态。接下来，我们试着将房间之间的墙壁打通。这样的话，温度不同的两个房间将会连通，温度高的房间里的温度会开始下降，而温度低的房间里的温度则开始上升，最终两个房间里的温度将达到平均温度。如果换作冰与水，则冰会开始融化，水会被冷却至更冷的水。注意到了吗？水因为温度的下降，而稍稍恢复了一点秩序；而冰呢，由于融化成了水，造成了秩序的崩坏。

基于冰与水的例子我们可以假设，人的身体为了重新恢复秩序，可以与人体以外的物质相融合。是的，这就是进食的过程。实际上，通过进食让人们摄取了营养，从而拥有了身体复制的源泉，而排出体外的则是失去了秩序的东西。于是，人体的秩序就又恢复了过来。“吃东西”这件事，除了有广为人知的摄取营养的作用外，其实也是人体保障秩序的一个重要过程。

癌症将不复存在吗?

癌症是一种疾病，形成的主要原因，就是出现了不具备正常功能的细胞，而且这种细胞数量会异常增加。常用的治疗手段，是直接通过外科手术来切除病灶部位。但是，由于癌细胞非常小，所以我们事先无法知道它会出现在哪里，又会转移到哪里。当它进入血液和淋巴系统后，就会扩散至全身。因此，癌细胞的转移是一个非常棘手的问题。对于癌细胞转移目前还没有一个有效的治疗方法，只能采取免疫疗法或抗癌药物来抑制癌细胞的移动。但我们都知道，抗癌药物在攻击癌细胞的同时，也会对正常的细胞造成破坏，对身体的影响非常大。

而人们正在研究能够操纵量子的新技术。如果能精确控制这些微小颗粒，我们就能研究出及时发现癌细胞并将其驱除的技术。现阶段，人们已经研究出能与癌细胞绑定的药物，这样的话，这些药物就像会追踪目标的制导导弹一样，锁定并攻击有特殊标志或机制的癌细胞。也许还能制造出一种微型机器，它能一直监视我们的身体，一旦发现癌细胞就能将之驱除。比起抗癌药物“不分敌我”的攻击，这种方式能更有效地控制癌细胞，并能将药物对人体的副作用降到最低。

也许我们能制造出另一种微型机器，它能监视细胞分裂时出现的异常情况，在复制错误出现时，就能及时地进行修正。那么，影响人寿命的主要疾病之一——癌症，就将被我们攻克，同时还可以期待其抗衰老的效果，使人类真正实现长命百岁。

也许我们可以期待长命百岁，但是任何事物都不能违抗自然的规律。即使能长寿，也要花些功夫来防止秩序的崩坏。除了医疗手段外，平时的生活中，我们要注意对身体的保养，尽可能地防止身体的秩序遭到破坏。别忘了——要保障秩序，就别怕费事儿。

人工智能之梦

人类的智能，是由大脑来掌控的。如果能研发出一种完全模拟人脑的计算机，不就能实现人工智能了吗？长久以来，这都是人类的一大梦想。

我们的大脑具有什么样的特点呢？我们会感知周围的环境，然后将这些信息通过神经传至大脑。大脑基于获得的信息，再次通过神经发出“应该采取什么行动”的指令。我们知道，这个过程中，是被称为神经元的细胞相互连接组成的神经网络在发挥作用，这些网络之间传送的都是电子微粒[1]。我们

[1] 实际上是钠离子、钾离子、神经递质通过类似接力赛的一系列运动传送电流。——编注

经常做的行为，经常使用的思维模式，就会增强与之对应的神经网络。反之，不常进行的行为和思考，就会使对应的神经网络变弱。通过这样的方式，我们将“经验”刻进了大脑里，这个过程就叫作学习。每个人最初都不知道该做出什么样的行为，该进行什么样的思考，但是通过不断学习，我们找到了合适的方案。

如果我们能做出一台计算机，并以人工的方式实现这一过程，那么它不就能像人脑一样，进行自律的学习了吗？基于这样的设想，人们创立了“机器学习”这一研究领域。不仅仅是自我学习，全世界的科学家们还以能开发出具有自我判断、联想等功能的人工智能为目标，在不断发起竞赛呢。目前，机器学习已经取得了非常大的研究进展，人们朝着终极目标——实现模拟人脑的人工智能又迈出了一大步。

接下来说一说我们已经能够做到何种程度了吧。大脑通过神经回路来感知周围的状况，当我们用眼睛去看时，会得到图像的信息，当我们用耳朵去听时，会得到声音的信息。但是换到计算机上，就需要以读取二进制数据的形式来做到这一点了。计算机通过分析数据，就能知道这是一幅什么画。比如，让计算机看猫和狗的画像，它能自动分辨出这是猫还是狗。也许有人会觉得“什么？就只是这种程度啊”，但是，这对于计算机来说已经是很大的进步了。我们人类只要看一眼，就能很容易地区分出猫和狗，但是你到底是如何区分的呢？你能说清楚这个过程吗？即使你能说清楚，那你能将这种能力教给计算机吗？

人与人之间也许通过对话的方式就能说清楚。但是，计算机与人之间就很难开展同样的对话。我们既说不清楚如何区分猫和狗，也没法将这个诀窍传授给计算机。不过，现在的电脑只需要反复看猫和狗的画像，就能对二者进行学习，最后自动获得区分的能力。总之，我们已经迎来了计算机通过对数据的分析就能够自我成长的时代。

计算机学习的模式，与我们人类学习的模式是非常相似的。因为，就像人类大脑中发生的变化一样，我们同样可以对计算机内部的设置做出一些变化。通过对人脑结构的研究，同样可以将其反映到计算机中，最终实现人工智能。这样一来，计算机不仅能完成区分猫和狗这样的小事，甚至给计算机看医生诊断病情时所用的 X 光片，它都能判断出哪个部位存在异常，可能得了什么病。

这种技术，也可以运用于对一切形式的数据和信息的分析，例如法院的判决。可以让计算机了解过去犯罪的人，他们都根据哪条法律，被判处了什么样的刑罚等数据，然后它就能比人更迅速地给出判决结果。人类需要花很长的时间学习，才能从事与法律相关的工作，但是计算机可以简单地通过复制就掌握这种能力。人类不再需要学习庞杂的法律知识，而可以去学习和思考其他的知识。人类与计算机共事，这将是一个前所未有的局面。

昨天做了什么梦？

人在睡觉的时候会做梦。其实我们做梦，也可以理解为大脑在进行复习，回顾迄今为止实际发生过的事情，然后通过神经网络来进行记忆的整理。因此，如果你想背诵什么内容的话，记得一定要睡好觉哦。因为，我们的记忆整理都是大脑在我们睡觉时进行的。

今天，利用磁共振成像（MRI）技术，我们能一目了然地知道大脑的哪个部位处于活跃状态，这种 MRI 技术的实际原理就是操作微小颗粒来了解人体内部的情况。MRI 装置中，安装有能产生强大磁力的超导线圈。当超导现象发生时，电子微粒将不受阻碍地流动，这种流动将引起巨大的电子漩涡。这个电子漩涡就是磁力的来源。受磁力的影响，人体内的微小颗粒[1]全部都整齐排列并开始旋转，就像被吸进了漩涡一样，朝着同一个方向旋转。通过移动这个“电子漩涡”，就能统一操控体内的微小颗粒。此时，伴随有电子微粒的这些微粒运动，将会产生电磁波。通过观察电磁波的形态，我们就能了解人体内微小颗粒的样子。大量微小颗粒聚集的地方，颜色将会很深，而微小颗粒稀少的地方，颜色就会很浅。像这样，我们就通过 MRI 技术得到了一幅具有波普风格的图像了。

利用这项技术，我们能准确地知道人类想要做出某个行为时，大脑的哪个部分会发生反应，当看到某个照片时，大脑的哪个部分会产生反应。当我们确认以后，就能通过大脑的反应，来反推出看到的是什么内容。同样，运用这项技术，我们还能尝试去了解人在做梦时的大脑活动。结果就是，我们发明出了能将昨晚的梦境影像化的技术。虽然精度还很低，十分模糊，但是随着研究的不断深入，其精度一定会不断提高，说不定以后就真的能像看录像带或 DVD 那样来再现梦境了。

对于记忆来说也是一样的，我们知道，人的记忆都存储

[1] 其实就是原子核。——编注

在大脑的海马体中。如果我们能从海马体的活跃状态读取出记忆的内容，然后转移到别的记录装置中，那么我们曾经所见所闻的经历，不就可以用影像化、声音化的形式展现出来了吗？另外，还能用与某种记忆相对应的电信号来刺激海马体，从而将这个记忆植入大脑中，这样就能以外部植入的方式，让某人拥有一段宛如亲身经历般的记忆了。

这听起来可真像是科幻小说的内容啊。一个了不起的时代已经到来了。

机器与人互联的时代

相信读到这里你已经了解到了，人的情感与意识，都是能以信息的形式被读取的。现在，市面上已经有利用这种技术生产出来的玩具了，不过利用的并不是通过 MRI 技术掌握的脑部活动信息，而是直接利用脑电波，并且具有很高的精度。脑电波是由大脑内部伴有电子微粒的微小颗粒[1]运动产生的，也可以说是微小颗粒骚动的声音。通过调查人兴奋时、紧张时、冷静时、注意力集中时的脑电波状况，我们就能在检测出相应的脑电波时，了解人此时此刻是何种心境。

[1] 钠离子和钾离子等。——编注

如果将其与机械运动装置联动起来的话，我们就真的能以意念来搬运东西了。

机械的力量与人脑发出的指令相结合，就能制造出代替人类身体的机器。这对于身体机能有问题的人来说，真是一项了不起的技术。宇宙物理学家霍金博士，生前患有肌萎缩侧索硬化，他患病后行动日益困难，全身逐渐瘫痪。他使用的就是一种能够通过眼球运动，从而知道他想要说什么话的机器，这个机器会代替他发声。如果连眼球都不能动，那就需要制造出一种能通过脑电波来测定大脑活动的机器，这样当人在思考和想要表达时，就能被感知到。到那时，机器就能与人的内心相连，这都需要通过微小颗粒来实现。因为，只有通过电子微粒的运动，才能将人的想法发送给机器。

反过来，由机器将信息传送给人，也并不是不可能。我们可以通过摄像头来取代人的视网膜神经，将拍到的画面信号传送到大脑中，这样原本看不见的人，就能拥有一双机器做的眼睛。由于机器可以分析微小颗粒的运动，所以，连人的肉眼观察不到的物体，也能被看见。这样的话，一般人看不到的东西会被提示给大脑，使人产生反应：“看！中微子过来了！看！那是紫外线！”

黑客帝国的世界

《黑客帝国》（1999年）虽然是一部很早以前的美国电影了，但是它给我们带来了一个极具冲击力的世界观。人类被机器培育，目的是被当作电池，从而为机器提供能源。人类的大脑与机器相连，人都活在机器营造出的虚拟世界里，过着想象出来的生活。

这是个很了不起的构思。可以说，故事清楚地揭示出了我们正在做的事情的本质。我们所生活的世界是一个物质世界，周边有物质的存在，而我们出于各种目的来使用这些物质。即使是与他人的沟通交流，也离不开这些物质——更准确地说，正是因为有了这些微小颗粒，才让我们能做到这些事情。当我们想要发出声音时，先由大脑通过电子微粒向嘴唇、喉咙以及肺部发出指令，进行吸气与呼气的动作。然后，喉咙开始振动，进而带动身体外部空气中浮游的微小颗粒振动。这种振动经传播到达对方的耳朵，耳朵中的鼓膜也开始振动，通过神经回路转换成电信号的形式，送入大脑中。

如果说与他人沟通交流的目的，是大脑与大脑之间的互动，那么我们就没必要使用空气作为媒介，直接在大脑与大脑之间传送电信号不就可以了吗？当我们遇见了某人，首先是眼睛接收了光微粒，然后再转换成电信号，经由神经回路传递给大脑。其实，如果能直接向大脑传送电信号的话，就完全没有这种转换的必要了。但是，因为这个世界归根结底还是物质的世界，所以我们看起来就好像一直在做这些“多余之事”。

那么，宇宙的历史到底是什么呢？其实，就是一个制造物质的历史。从最初的“一无所有”中突然诞生出一个宇宙，一开始也只有用来制造物质的原材料，之后产生了微小颗粒，这些微小颗粒大量聚集形成物质，最后形成了体积庞大的生物。这些生物通过运动身体来表达自己的意识，还可以与周围的微小颗粒进行互动，通过与其他物质的互动来观察和学习，并将自己的意识教给其他的生物。

真正有必要的是什么呢？就是意识以及意识的传播方式，是通过世界上现有的物质，还是只通过电子微粒来传播？《黑客帝国》营造出的，就是这样一个不需要物质的世界。假设意识是与物质无关的一种存在，那么物质就只是为了传播意识而存在了。但是，通过观察现在的生物，我们能够知道意识是寄托于物质的，二者很难被分离，真实情况谁也不清楚。但就像之前说的，随着人类与机器互联时代的到来，我想，离实现《黑客帝国》中的世界不会远了。

一想到这些，你的心中是不是涌起了很多疑问呢？其中，我最想提出的疑问是：被机器替代到何种程度，才能保证我们仍是“自己”呢？

人类的意识从何而生?

人也好，动物也好，都是由微小颗粒构成的。因此，人们认识现状、思考问题、做出行为等，也都是由身体中的微小颗粒运动来实现的。不过，目前我们对此还没能完全研究清楚，至今还没有一个明确的、令人信服的理论。

人类的身体被机器替代到何种程度，才能保证我们仍是“自己”呢？虽然这是我们很关注的问题，但要想对此进行实验是非常困难的。现阶段我们能够了解到的内容，就是对因意外事故而接受移植手术后的患者所出现问题的各种详细记录。

麻醉可以使人失去意识，而通过对其原理的深入理解，至少能帮助我们弄清楚人的意识究竟是从何而生的。

实际上，基于数学物理学家罗杰·彭罗斯和心理学、麻醉学教授斯图尔特·哈梅罗夫共同提出的理论，可以假设所谓人的意识是从微小的管状结构中诞生的。这种微管结构位于细胞内，正如其名字那样是非常微小的部位，这是量子与人类的意识有关系的一种假设。不过，目前还没有更明确的论据，也无法确定这种假设的正确性。

对于“思维”也是同样的。一般认为神经网络通过带电微粒的传输，使人对外部的刺激产生反应，但我们应该关心的是，这是对我们大脑中思维的真实反映吗？如果只是对外部的刺激做出相应的反应，这并不能说与我们自己的思维有多大的关系。对于自己身体中最令人感兴趣的部分——思维，我们目前还有很多的未解之谜。

虽然目前尚未有定论，但是我们能预感到，这也与量子世界中若隐若现的动作有关。如果用一个“大球”[1]来打比方的话，那么我们就能在常识的范畴内，预测“大球”可能会有的动作，对于相同的外部刺激，会引导出完全相同的结果。但是，生物的行为——特别是高级生物的行为——并不能简单地理解为一种反应，这当中还涉及自我意识的判断，

[1] 对比的是本书一直在说的“微小颗粒”。——译注

所以不可能每次都出现相同的结果。因为，每一次都会有不同的判断。这就像双缝实验形成条纹形状一样，要考虑所有的可能性，并将这些可能相叠加，从而做出新的决定。说不定，我们的意识在做决定时，也有“忍者”在引导哦。

我们说过，生物之所以能生存，是利用了量子规律与性质的结果。当我们中途转换视角，对微小颗粒的世界进行观察后，我们发现虽然生物的体积庞大，但是体内的细胞仍是由微小颗粒驱动的。为了不受环境的影响独立生存下去，需要使用量子隐身穿墙术以及“忍者”的搜索能力，而每一次发现这些证据，都让我们强烈感受到生物的本质就在于量子的世界中。令人吃惊的是，生物会保持一定的温度。微小颗粒因此能够保持一定的活跃度，而不至于让我们像坏掉的机器一样，做出奇怪的动作。原本随着温度升高，会表现出各种杂乱运动的微小颗粒，却好像能被我们完美控制，从而运用于我们的身体。

人类已经开始梦想能制造出量子计算机这一全新的装置，更想要挑战“自由操纵微小颗粒”这一难题。而成功的关键，不在于迄今为止所掌握的那些制造技术，而在于对生物的理解。因为，生物已经对量子的世界了如指掌。我们通过对生物的研究，才能了解操纵微小颗粒的方法，才能制造出新的计算机。这样的话，在可期待的未来，让生物与计算机互联就是很自然的一件事了。有谁曾想过，生物可以与计算机进行对话的时代即将到来呢？不久前，这还是科幻小说中的故事，但是，我们正在一步步地实现它。

这么想来，机器猫哆啦A梦肯定能被制造出来了。因为，哆啦A梦真的就是生物与计算机的结合体。难道藤子·F·不二雄老师早就预见了未来吗？

科学家的心态

“我想造哆啦 A 梦！”有一天，当你的孩子这样对你说时，你会怎么办？看完本书的人也许已经知道制造的方法就隐藏在我们身边的这些微小颗粒中吧。

当听到孩子这么说时，也勾起了大人的回忆。因为，当我们还是孩子时也是这样想的，也曾经因为科幻故事而夜不能寐，也曾向父母提出自己内心涌起的各种疑问。这些问题，有的是最前沿的科学话题，甚至还有因最新的发现而刚刚被阐明的现象。科学就是从人类的这些疑问与知识的积累中而来的。因此，大家保持对眼前事物的兴趣才是最重要的。孩子或许也会有新的发现，所以他们才会提出重要的疑问。那些我们乍一听很想笑的疑问，实际上有很多是无法回答上来的。为什么人要吃东西呢？按照教科书上的解释是为了摄取营养，但是除此之外还有其他的理由，这可能是读者们未曾想过的吧。因此，为孩子营造一个能安心说出内心疑问的环境很重要。

读到这里，各位读者在眺望窗外时，会不会感觉世界已经发生变化了呢？可能有的人会重新回归到孩子的视角吧。

如果真是这样的话，那我的目的也就达成了。

大家在孩童时代都特别想拥有哆啦A梦的道具吧，随意门、航时机、竹蜻蜓飞行器……

当小学馆出版社的编辑向我约稿，希望我能写一本有关量子的书时，我首先冒出的想法是："小学馆？那干脆就写有关哆啦A梦的内容好了！"[1]单纯的我，很快就联想到了哆啦A梦的那些神秘道具。我注意到其中不少道具都具有自由操纵时间与空间的功能，这也反映出了创作这部漫画的那个年代的特点。当时的时代背景是，人们都对科学抱有浓厚的兴趣，关于时间与空间关联性的相对论激发了人们的想象

[1] 藤子·F·不二雄的漫画作品《哆啦A梦》在日本全部都是由小学馆出版社出版发行的。——译注

力。电影、漫画以及游戏等许多作品中，都广泛地运用了这一概念。此外，很多介绍相对论的书籍中，都引用了通俗易懂的案例与解说，并以大家熟知的内容作为题材。

因为哆啦A梦就是来自未来，所以在情节上不再受到无法自由操纵时间的限制。但是，由于我是一个物理学家，所以我在分析哆啦A梦的神秘道具时，关注到的有趣之处不仅仅是相对论方面。又因为，本书要写的是量子，所以我就会特别关注有没有什么道具使用的是作为现代物理学基础的量子力学原理。可是，经过我的一番研究发现，好像找不到这样的道具。相信有很多读者都会知道，利用了量子世界的不同性质或者能让我们窥见量子世界的道具真的很有限。由此可见，量子世界给人的感觉，真的是离我们很远啊。

市面上有很多讲解量子力学、量子世界（在本书中，称量子为微小颗粒）的专业书籍。那么，面向普通人写作这本书的意义何在呢？谁会来读这本书呢？我为此也曾经苦思过一段时期。但是，在撰写本书的过程中，我越发地感受到，量子作为构成我们身体的物质，是每个人每一天都会密切接触的东西。不管你学没学过理科知识，也不管你是否热爱科学，在与日常生活有关的现象面前，你我都是没有区别的。

所以，我决定写一本无论是文科生还是理科生，甚至孩子都能读懂的书，但也许有的人在阅读的过程中还是会有理解上的困难。尽管我已经尽自己所能去努力消除这些障碍，但仍然是有些难度的。所以，各位读者要是能学会量子隐身穿墙术就好了。就人的固有观念来说，也是能因为一个小小的意外或契机而打破“限制的壁垒”的。人类决心向新生事物发起挑战，也可以说是一种量子效应吧。

我之所以立志成为像现在这样的科学家，记忆中还是因为上小学时妈妈无意中问我的一个问题：

“宇宙的边缘会是什么样子呢？”

听完这句话，我就去学校的图书馆把有关宇宙的书籍全都查了个遍。其中最有意思的是两本书，一本上面绘制了包括黑洞在内的很多天体，而另一本是百科全书，详细解释了太阳系行星的构成。对于这两本书，从封面到内容，甚至每一幅插图、每一张照片，我至今都记忆犹新。

我觉得，要想激励一个人，只需一个“提问”就足够了。找出这样的“提问”，并思考其与未来的关联，这不就是我们这些科学家的最大使命吗？

最后，我要向给我提供写作本书机会的下山明子表示感谢，还有为了弥补我自身知识的盲区，而与我一起讨论的专家们，以及为了让我的文字更加通俗易懂，而给我的充满错别字的书稿提出宝贵意见的各位朋友。真的非常感谢大家。

即使在其他平行宇宙中的“我”看来，都会十分羡慕我们现在所处的这个宇宙吧。也许有一天，我也可以去与另一个自己对话，虽然以现在的科学是做不到的——

说不定，未来就能做到呢？

说不定，能将其实现的人就在各位读者中间呢？

我觉得，那不可思议的未来一定会到来。

大关真之

2017 年 1 月

版权合同登记　图字：19-2020-125 号

图书在版编目（CIP）数据

陪孩子趣读量子力学 / (日) 大关真之著；金磊译. —广州：新世纪出版社，2020.10

ISBN 978-7-5583-2516-8

Ⅰ. ①陪… Ⅱ. ①大… ②金… Ⅲ. ①量子力学－少儿读物 Ⅳ. ①O413.1-49

中国版本图书馆CIP数据核字（2020）第159846号

陪孩子趣读量子力学
Pei Haizi Qudu Liangzi lixue

出 版 人：姚丹林
责任编辑：秦文剑　杨守斌　许祎玥
责任校对：毛　娟
责任技编：王　维
插　　画：土田菜摘

出版发行：新世纪出版社
（广州市大沙头四马路10号）
经　　销：全国新华书店
印　　刷：三河市冀华印务有限公司
规　　格：880mm×1230mm　　开　　本：32开
印　　张：7　　字　　数：120千
版　　次：2020年10月第1版　　印　　次：2020年10月第1次印刷
定　　价：45.00元

质量监督电话：020-83797655　购书咨询电话：020-83781537